JN251271

北海道地域農業研究所学術叢書⑰

北海道から農協改革を問う

小林 国之 編著

筑波書房

はしがき

北海道農業研究会（北農研）という組織がある。1980年に設立された研究会で、会則にその目的を「北海道農業の調査・研究を組織的に行い、その成果を普及することによって北海道農業の発展に寄与すること」と記している。道内の研究者・実務者・農業者などから組織され、北海道農業の最新の実態把握をベースにした研究を行う組織である。農業構造、集落構造などをおもな研究テーマとしてきたこの研究会において、農協について正面から取り上げなければならないという議論が起こったのは、農業改革の一環として農協改革が急ピッチで議論されはじめた2014年の秋であった。北海道の農業・農協になじんできた肌感覚からはあまりにも異なる認識で進められる議論をみながら、今ここで北海道の農協の実態を踏まえて、これからの農協のあり方を積極的に提案しなければならないのではないか。こうした危機感があった。2015年の７月11日、北農研の総会シンポジウムにおいて「北海道から農協改革を問う―北海道から提起する新たな農協像」を開催し、本書にも収められている２つの章のもとになった「『制度としての農協』の終焉と農協改革の課題」（北原克宣）、「TPPと農業改革」（東山寛）という報告をもとに、議論を行った。その後、通常年に３回開催している定例研究会のうち２回を出版企画に連動させて実施し、生乳指定団体制度、減反廃止、准組合員、中央会の監査制度をとりあげ、会員とともに議論を行った。

北農研で取りまとめた出版の企画書には目的を下記のように書いてある。「去る４月３日（2015年）に農協法改正案が閣議決定され、今後国会審議が進められる見通しである。今回の決定プロセスでは「全中・監査」と「准組合員の利用規制」の二者択一に追い込まれ、農協組織は前者を選択せざるを得なかった。その結果、全中は法本体から「外出し」され、全国監査機構も切り離される結果となった。後者の准組合員問題については５年後をメドに再検討するとしており、政権と農協組織の「５年戦争」の始まりを画するものともなった。北海道の農業・農村における農協の役割の重要性は研究者にとっても共通認識となっており、今回の農協改革を傍観することはできない。この際、農協にかかわる諸問題を研究的な視点から改めて整理して分析し、緊急出版として結実させたい。」

法律はすでに施行され、その後も規制改革推進会議において農協改革が急ピッチで議論されている。北農研ではこれまで、重厚な実態調査に基づいた北海道農業論の土台となるような農業構造論、地帯構成論に関する一連の研究成果を出してきた。1991年の牛山敬二・七戸長生編著『経済構造調整下の北海道農業』にはじまり、1994年臼井晋編著『大規模稲作地帯の農業再編—展開過程とその帰結』、2006年には岩崎徹・牛山敬二編著『北海道農業の地帯構成と構造変動』を刊行した。いずれも日本農業の中で原料供給地帯として独特の役割を与えられて出発した北海道農業を真正面から捉え、その構造問題の把握に取り組んだ著作である。

厳しい自然条件を克服して、北海道はいまでは原料供給のみならず農業の多様な価値を提供する地域となったが、いまなお日本の食料生産を基盤の部分で支える役割を果たしている。原料乳の安定的な供給に向けた需給調整、農村サービス事業体がかぎられるなかで地域に根を張った生活インフラの提供など、一つ一つが個人の収益追求では実現できない、共益の実現を目指す農協組織ならではの役割である。

農協改革の意義を問うことをつうじて、これからの北海道農業のあり方も展望したい。北海道農業にどっぷりと浸かりながら研究を行ってきた北農研として、本書が「北農研らしい」農協改革への建設的論点を提示できていれば企画者として幸いである。

これまでには無いスピードで様々なものが変えられようとしている。そうしたなかで、本書が地域に根を張り、未来を見据えた議論の切っ掛けとなることを願っている。

北海道から農協改革を問う　目次

序章
北海道から農協改革を問う

小林　国之

第１節　本書の狙いとスタンス

１．本書の狙い

農業は産業である。であるから、経済的利益の追求を目的の一つとすることは重要である。一方で農業は単なる産業という側面を越えた、農村空間の維持、食料の安定的生産という社会的な役割も担っている。その意味で農業は、地域社会と密接な関係性の中で展開している。だが、経済的利益の追求のみを目的とした農業経営はしばしばそうした社会的な役割と矛盾することもある。こうした営利組織からなるセクターによって生じる社会的課題解決の担い手として、従来から国家セクターが想定されてきた。しかしいま、社会から離床した経済システムに対して「経済システムの中に人間社会が埋没しているような時代状況」を批判し、それとは逆に「経済を社会の中に埋め込むようなホーリスティックな経済発展観」を探るものとして社会的経済論が一定の展開を見せ始めており、その担い手として、協同組合をはじめとした民間非営利セクターが期待されている(注１)。

経営体として農業経営が収益を追求することは当然であるが、その個別経営体が社会的な役割も同時に追求することは簡単ではない。そこに社会的経済の担い手としての協同組合の役割がある。協同組合が、社会的経済の性格と共通する目的を持っていることから、担い手の一つとして期待されている（伊庭・高橋他（2016））。

いま日本において農協が制度的にも実態としても大きな転換点をむかえている中で、農協を社会的経済の担い手という視点から捉え直すことで、今後に向けた積極的な議論ができるのではないか。

日本の農協は歴史的特殊性を持っている。より正確にいえば、協同組合には理念に沿った理想像があるのではなく、その国や地域の社会経済的条件によって、多様な形態を取りながら役割を果たしているものと理解すべきであろう。そうであるならば、社会的経済の担い手としての農協の可能性を議論する際にも、日本の農協の歴史的特殊性を踏まえる必要があろう。本書の議論の舞台は北海道である。日本における原料供給地帯として開拓された北海道農業を支えてきたのが、農協（戦前の産業組合）である（坂下（1992））。農業開発政策の実現にむけて時に矛盾を抱え、対抗しながらも対応してきた地域の核に農協があった（坂下（1991））。農業に関連する経済事業と営農指導事業を核とした地域農業のシステム化を成し遂げている現在の北海道の農協は、農協改革の論議が想定するような、信用共済事業中心の農業から離れた姿とは大きく異なっている。

第二次世界大戦の終戦によって農村に大量に創出された小規模自作農は、民主化の一つの象徴であったが、それは同時に「脆弱」な存在でもあった。そうした自立した個人としての戦後自作農を支える社会経済システムとして整備されたのが農業協同組合であり、その法律として農業協同組合法が1947年に制定された。農協法はその後の社会経済情勢に対応するために、数々の改正を経ながら現在に至っているが2016年の改正はこれまでとは様々な意味でことなる、大きな転換点である。農協は、農業者の相互扶助組織として、かつ地域社会へも開かれた組織として出発したが、その中でも北海道の農協は、北海道農業の歴史的独自性と相互規定されて、ある種の特殊性を持ちながら展開してきた。その特殊性は、良い意味でも悪い意味でも北海道の農協を都府県とは異なる土俵においてきた。

今回の農協法改正に直接つながるスタートラインは、2013年12月農水省の「４つの改革」（農地中間管理機構、経営所得安定対策の見直し、水田フル活用、日本型直接支払制度）である。その中で「強い農業の創造」が提起されたことに関連し、農業者および農協組織についても改革が必要ではないかという議論がなされたことが直接的契機である。

前述した「土俵の違い」に規定され、これまで北海道の農協は農協改革議論に対してはジレンマを抱え続けていた。農業関連事業を中心として組合員の所得向上に寄与してきたという自負のある北海道は、府県の農協に対してある種の苛立ちをかかえながら、対外的には農協の重要性を主張するというジレンマである。しかし、今回の農協法改正は戦後農業を支えてきた様々な社会経済的仕組みの大転換の一つとして位置づけられている。これに対して、ジレンマを抱え続けるのではなく、北海道から積極的な情報発信が必要である。本書は農業協同組合が食、農、地域社会の維持に果たしうる意義について、北海道の実践から発信することに目的を置いている。農協の弊害のみを抽出して協同組合セクター自体の必要性を否定するような法改正の背後にある考え方に対し、弊害を認めつつ、それを飲み込みながら農協が果たしている社会経済システムとしての姿を描き出してみたい。

本書は、改正農協法の中味の検討自体を主目的とするのではない。北海道の農協の実態を素材として、グローバル化経済のもと、もはや「経済的弱者の自己防衛組織としての農協」という論理が表面的には通じなくなっている現在において、農協の存在意義を実証的に示そうというものである。

農協改革議論をもちろん念頭に置きながら、社会的経済の担い手であり、地域農業システム化を果たしている北海道の農協の実態分析を土台に、近い将来の農協の姿を描き出してみたい。

2．本書のスタンス

日本の農協をどのように捉えるのか。谷口（2014）は「農業協同組合展開論」「農協経営史論」を提起し、日本における協同組合研究の系譜を整理しているが、協同組合、農協を資本主義の中でどのように位置づけるのか、ということに関してはこれまでも多様な見方が提起されてきた。谷口前掲書の整理を参考にすると、近藤康男の商業資本節約説では協同組合を資本、なかでも独占資本のエージェントとしてとらえたが、このように資本との関係から捉える視角では協同組合の主体的要因が全く見いだせないことになる。それに対して、美土路達雄は農民の階層性の克服手段を「組合的協業」に求め、それを主体的要因として協同組合を捉えた。こうした捉え方においても、農民層分解が進み企業的農業経営が広範に展開するようになると農協は不要になる。今回の農協法改正に関する一連の議論においても、基本的にはそうした捉え方から農協不要論が顔を出している。

ではこれからの農協はどのように議論すれば良いのだろうか。「協同組合のあるべき論」のような理念的議論ではなく、現在の社会経済条件、農業者・農業経営の発展段階をふまえた農協像を提示し、協同組合である農協が「社会的経済」の担い手としての役割を果たしうるのか、という点からの検討が必要であろう。その理由は以下のような現在の社会経済的条件から生じている。現在の農政改革の基底にあるのは市場原理・競争原理の徹底である。しかし、農業・農村振興の実現には競争原理をベースにした短期的調整システムである市場原理だけでは不可能である。人間が完全にはコントロールすることができない自然を生産基盤としているのが農業であり、農村はそうした産業を土台とした地域である。そこでの農業は「もうけること」だけではなく、安定性・持続性が重要な価値である。市場原理は、一時的な優位性にもとづいた優勝劣敗の法則であるが、農業の場合その一時的優位性は自然条件によって変動する。また、グローバル化が進んでいる現在においては、自然条件とともに為替、金融市場などの在外的な要因でもその優位性は大きく、かつ容易に変動する。競争原理によって振り落とされた競争相手は、同じ地域の住民であり、地域社会の構成員でもある。また、農業生産の目的は、農業者の所得追求だけにあるのではなく、その大前提として食料の安定的な生産にある。こうした「農業」の産業としての独自性、固有の役割を持続的に果たしていくためには、市場原理とは異なる社会経済システムが必要であり、その担い手としての役割を農協は担うことができるのではないか。

農協法の改正に続いて、農業生産資材を切り口とした全農改革、そして「バター不足」を口実とした指定生産者団体制度の見直しの議論が急ピッチで進められている。こうした一連の改革の背景には地方創生にも通じる次のような政策的思想がある。既存の組織（農協をはじめ、観光協会、商工会なども）や枠組みをしがらみ、機能不全と規定し、それに変わって意欲と能力のあるものを支援対象とする政策理念である。

既存の組織が機能不全に陥っているという事実はあるが、実態に即したより具体的な解決策を構築していくために重要なスタンスは、全ての既存の制度や団体を「しがらみ」として等閑視することではない。事実に基づいて、それぞれの組織の特徴と課題を直視し、目標としての地域の再生、農業の持続的展開を実現するための課題と取り組み方策を粘り強く考え実践することにある。

EUでも川下への対抗力として協同組合等の農業者組織の育成が議論されている。農業・農村の持続的発展のために、市場原理・競争原理とは異なる仕組みの導入は、グローバル化する社会経済の中で農業・農村における共通の課題となっているのである（注2）。

翻って日本の状況を見ると、TPPの大筋合意がなされたいまこそ資本へ対抗するための措置が必要となる。原料生産地帯である北海道は特にそうである。北海道の農業は、内国植民地として開発された歴史的使命をもってきた。時代は大きく変化しているが、それでもなお、国民への安定的・適正な価格での基礎食料の供給という役割は継続している。国が推奨する「付加価値・金儲け」の農業ではなく、安定的・持続的な食料生産という使命である。

都府県と比較した規模の大きさを根拠に、北海道農業の国際的競争力の可能性に期待するという指摘もあるが、現実的に考えると大規模に基礎食料を生産する農業だからこそ、直接的に国際競争力のなかで戦わなければならないことになる。そうしたなかでは、北海道農業が国際的な競争力を「価格」という意味で持ちうることは困難である。低コスト生産のたゆまぬ努力は生産者の責務ではあるが、世界の食料情勢を考えれば、自国民への安定的な食料生産は先進国の国際的な責務でもある。北海道農業の役割は日本国民への安定的な食料供給にあり、その担い手である生産者を支える制度として農協は必要なのではないか。それが本書のスタンスである。

社会的経済には広い範囲が含まれるが、農業専業地帯である北海道において、第一義的にはあくまでも農業生産活動を通じた社会的経済の追求である。農業生産が持続的に行われるためには、当然農村の機能が維持される必要がある。しかし、北海道においてこれまでその関係性は明確に意識されることなく、農業生産振興が直接的に農村振興に結びつくととらえられてきた。しかし、人口減少が深刻化しているなかで、地域振興、人口の維持と農業振興を両立する道を模索することに迫られている。そうしたなかで、農村の維持に関する公共的な役割への期待も今後増していくことが想定されるが、本書では農業生産をつうじた社会的経済の追求に課題を限定する。それは、農協改革の議論に於いて、農業者の所得追求が第一義とされた状況に対して、農業生産それ自体が、農業経営の収益向上以外の目的、役割を本質的に含んでいる、ということを示すことにもつながるからである。

太田原（1986）は戦後の日本農業を支えてきた農協を、歴史的特殊性を踏まえて「制度としての農協」と性格規定したが、そこには「制度」としての「行政補完的性格」をどのようにして克服するのか、と言う課題が残されている。

制度を「経済活動を維持するための秩序」と定義するならば、農村においても農業を維持するための秩序は必要である[注3]。戦後の日本農協の性格として指摘された「行政補完型」農協ではなく、家族を中心とした農業経営体が、現在ますます力を持っている川下に対峙して交渉力を持ちながら、再生産可能な農業を確立する。そのために必要な自主的な「制度」として協同組合組織が必要ではないか。太田原（2014）では制度としての農協から、国と対等なパートナーへの転換を提起している。政策実行のための制度としての農協ではなく、日本国民への食料供給、農村文化の維持、国土の維持・保全、国民のよりどころとしての農村という社会的経済を担うための、その意味で市民社会における制度としての農協への発展的な展開が求められている。

第２節　改正農協法における論点

１．法改正の理論的枠組みと「農業所得増大至上論」

規制改革会議を舞台の中心として議論された今回の農協法改正の背景には次のような実態認識がある。きわめて単純で一面的な価値観に立脚したその認識は、それ故に説得力を持つ。それは次のようなものである。

現在の農協は、農業関連事業をおろそかにし、信用、共済事業という金儲け、しかも准組合員という非農業者を中心とした事業の拡大にのみ注力している。従って、日本の農業は停滞している。農協に農業関連事業に力を入れるように促すために、農業関連事業以外の事業活動を制限することで、資源を農業関連事業に投入させるようにすべきだ。そのためには、農協に競争原理を導入させ、組合員の選択可能性を広げ、協同組合以外との競争を導入しよう。さらにはリスクを取って利益を追求する市場経済原理を導入しよう。日本農業を強くするためには、農協の直接的な農業関連事業以外の活動を制限し、プレッシャーをかける。そこからイノベーションがうまれ、攻めの農業に転換できる。

こうした市場経済主義、競争万能主義が今回の農協法改正の理論的枠組みである。そして当然の帰結として、農協の目的規定に「農業所得増大至上論」が提起された。

今回の法改正の中で重要な内容の一つがその目的規定である（第７条）。「農業所得の増大に最大限配慮するとともに、的確な事業活動で高い収益性を実現し、農業者等への事業利用配当などに務めること」という規定が、それまでの非営利規定にかわって導入された。農業所得の増大に寄与する、ということ自体に異論は無く、むしろ組合員からは歓迎されることもあろう。しかし、この規定は農業所得の増大につながるならば農協はどんな事業をやっても良いという論理につながる危険性がある。また、農協は所有、利用、運営が三位一体という組織的特徴を持っているが、新たな規定には農協が所有者である組合員と分離し、独自の事業活動を通じて収益を上げ、それをあたかも株主配当のように配当すれば良いという、農協組織と株式会社組織を同一視するような意識がみられている。

この条文で、農協のもつ非営利組織としての規定が廃止されたわけではない。出資配当制限の規定は残されていることから、農水省としては協同組合の本質の部分は維持されていると解釈している。

日本の他の協同組合の目的規定を整理したのが**表1**である。これをみると目的は広く捉えられており、それは協同組合の活動目的がそれぞれの実態、組合員のニーズに合わせて多様であり、その多様な目的を「協同組合」という組織を通じて実現するという協同組合の「自治・独立」の原則に由来するものである。他の協同組合組織と比較をすると、今回の農協法に追加された所得増大規定が、協同組合の目的を所得増大という一つにそぎ落とし、それ以外の様々な多様な協同活動の実践の制限要因として作用するのではないか、という危惧も十分うなずけるであろう（注4）。

2．准組合員

農協が農業関連事業に否が応でも注力させるよう外堀を埋めるための条文が導入されたのであるが、それと密接に関連するのが今回は見送られた准組合員の利用規制である。ここで重要なのは准組合員規制の目的である。

利用者である准組合員の視点からの論点に、准組合員による農協経営への参画がある。准組合員利用規制議論の背景には、組合員としての准組合員が経営に参画できないという問題があり、信用共済事業で得られた利益が農業関連事業にまわされることが問題視されている。ここで重要な点は、准組合員自体の農協経営に関する意識の実態把握を行うことである。

また、利用制限がなされた場合、利用が制限されるのは准組合員自身である。准組合員が得ている便益にたいして規制によって不利益を与える根拠はどこにあるのか。特に代替のサービス主体がない地域において、現存してい

表１　日本の協同組合関連法における目的規定

	生協法	漁協法	森林組合法	農協法 2015 年改正以前	2015 年改正以後
法律の目的	第１条　この法律は、国民の自発的な生活協同組織の発達を図り、もつて国民生活の安定と生活文化の向上を期することを目的とする。	第１条　この法律は、漁民及び水産加工業者の協同組織の発達を促進し、もつてその経済的社会的地位の向上と水産業の生産力の増進とを図り、国民経済の発展を期することを目的とする。	第１条　この法律は、森林所有者の協同組織の発達を促進することにより、森林所有者の経済的社会的地位の向上並びに森林の保続培養及び森林生産力の増進を図り、もつて国民経済の発展に資することを目的とする。	第１条　この法律は、農業者の協同組織の発達を促進することにより、農業生産力の増進及び農業者の経済的社会的地位の向上を図り、もつて国民経済の発展に寄与することを目的とする。	変更なし
組合の目的	第９条　組合は、その行う事業によつて、その組合員及び会員（以下「組合員」と総称する。）に最大の奉仕をすることを目的とし、営利を目的としてその事業を行つてはならない。	第４条　組合は、その行う事業によつてその組合員又は会員のために直接の奉仕をすることを目的とする。	第４条　森林組合、生産森林組合及び森林組合連合会（以下この章、第五章及び第六章において「組合」と総称する。）は、その行う事業によつてその組合員又は会員のために直接の奉仕をすることを旨とすべきであつて、営利を目的としてその事業を行つてはならない。	第８条　組合は、その行う事業によつてその組合員及び会員のために最大の奉仕をすることを目的とし、営利を目的としてその事業を行つてはならない。	第７条　組合は、その行う事業によつてその組合員及び会員のために最大の奉仕をすることを目的とする。 ○２　組合は、その事業を行うに当たつては、農業所得の増大に最大限の配慮をしなければならない。 ○３　組合は、農畜産物の販売その他の事業において、事業の的確な遂行により高い収益性を実現し、事業から生じた収益をもつて、経営の健全性を確保しつつ事業の成長発展を図るための投資又は事業利用分量配当に充てるよう努めなければならない。

資料：各法律の条文より作成。

る准組合員の利用をどのように規制することができるのであろうか。

農水省が全国で行った農協法改正の説明会においては、農協が生活インフラとなっているような地域においては、一定の地域性を考慮する必要を検討すると説明をしている。それは「今後五年間の間に農業関連事業に真剣に取り組む姿勢を見せて、その成果がみられれば、議論のベースも変わることも考えられる」というスタンスである。しかし、准組合員規制の狙いが、農協の信用・共済事業の市場開放にあるならば、こうした見方は楽観的といわざるを得ない。

北海道は比率だけでみれば、准組合員比率が高い。しかし、前述したような議論の枠組みから考えると、後述するように北海道の農協は農業関連事業をしっかりと行っており、准組合員で事業収益を稼いでいるという議論は的外れである。そうした北海道において、准組合員規制という課題にどう取り組むのかは重要な課題である。この点については第４章での実態を踏まえた議論に譲ろう。

３．協同組合原則からみた論点

今回の農協法改正に対しては、協同組合の国際機関であるICAからいち早く批判が出された。2014年10月９日付けでICA理事会が公表した文章では、「国連に認知された協同組合原則の「番人」として、ICA理事会は、現段階で見通されている法改正の方向は、明らかに次の協同組合原則を侵害するものと考える」として、協同組合原則の第２原則「民主制の原則」、第４原則「自治と独立の原則」、そして第７原則「地域社会への関与の原則」を侵害していると指摘した。そして、日本の農協が組合員に役立つ改革を自ら実施するための組織能力を考慮することを求めている。この批判のように、協同組合セクターの活動を政府が制限するような議論自体が問題であるといえよう。

では、自治と独立を原則とする協同組合と、その存在を規定・定義する法との関係はどのように考えれば良いのだろうか。協同組合法の専門家である堀越（2014）によれば、その関係は**図１**のようだという（注５）。法整備の起点

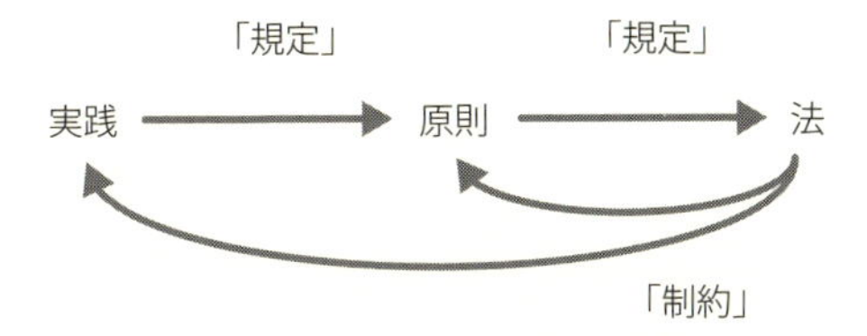

図１　協同組合の実践から法規制までの流れ

資料：堀越（2014）p91 の本文より筆者が作図。

としてなによりも「実践」があり、そこから原則、法が規定されるという関係である。適切な協同組合法整備のためには「協同組合実践･協同組合原則･協同組合法の相互関係を明確にすることが必要」だと指摘し、「規定要因が制約要因に先行し優越する」としている。もちろん、現実社会では、法が原則を制約し、原則が実践を制約するという場面も軽視できない。しかし原則的には、協同組合の実践が先行し、その実践活動の中から重視すべき原則というものがつくられていく。そしてその作られた原則を踏まえて、法律として規定されるというプロセスである。

今回の法改正の起点は、あきらかに規制改革会議が議論の起点となっている。そうした法改正に対峙していくためには、なによりも現在の農協が行っている「実践」を起点とした議論が必要なのである。

第３節　全国からみた北海道の農協

本書の目的は、北海道の農協の実践の中から農協法改革を問うものである。議論の前提として、農水省の「総合農協統計表」(2013年）の数値を元にして都府県と比較した北海道の農協の特徴を概観してみよう。最初の特徴は農協の数及び規模である。**表２**は地帯別に北海道と都府県との正組合員数別農協数を整理したものである。2013年時点で全国に712あった農協のうち110が北海道に位置している。正組合員数でみると全国的には5,000～9,999人の農協が204とモード層となっているが、北海道は500人未満が66、1,000人未満もふくめると92農協となっており、大半が小規模な農協という点が特徴である。また、地帯別に見ると、都市地帯、都市的農村地帯に位置する農協が少なく、圧倒的に農村地帯・中山間地帯に位置している。

表出はしていないが職員数をみてみると、一農協あたりでは全国では289名に対して北海道は少なく104人である。しかし、北海道は農協数も多いことから、職員数合計でみると11,448人となっており、これは全国の農協職員

表２　地帯別・規模別の農協組合数

	正組合員数	合計	都市地帯	都市的農村地帯	中山間地帯	農村地帯
全国	～499	88	1	8	28	51
	500～999	61	8	9	12	32
	1,000～1,999	56	9	13	7	27
	2,000～2,999	53	6	14	5	28
	3,000～4,999	110	6	33	21	50
	5,000～9,999	204	3	57	40	104
	10,000～19,999	116	0	27	18	71
	20,000～	24	0	8	4	12
	合計	712	33	169	135	375
北海道	～499	66	0	4	22	40
	500～999	26	0	5	3	18
	1,000～1,999	14	0	4	1	9
	2,000～2,999	3	0	1	0	2
	3,000～4,999	1	1	0	0	0
	5,000～9,999	0	0	0	0	0
	10,000～19,999	0	0	0	0	0
	20,000～	0	0	0	0	0
	合計	110	1	14	26	69
都府県	～499	22	1	4	6	11
	500～999	35	8	4	9	14
	1,000～1,999	42	9	9	6	18
	2,000～2,999	50	6	13	5	26
	3,000～4,999	109	5	33	21	50
	5,000～9,999	204	3	57	40	104
	10,000～19,999	116	0	27	18	71
	20,000～	24	0	8	4	12
	合計	602	32	155	109	306

資料：農水省『総合農協統計表』2013 年

数20万5,700人の5.6％である。

次に、組合員についてみてみよう。今回の法改正との論点で重要なのはいうまでもなく正・准組合員数の関係である。**図２**にはその相関関係をしめしている。横軸に正組合員数、縦軸に准組合員数を取った散布図であるが、これをみると北海道の准組合員数28万人という数値は、都道府県別に見ると全国第２位の数値でありこれを上回るのは愛知県の35万人のみである。

正組合員に対する准組合員数の割合が低いのは東北・北陸地方を中心に22地域となっている。

さて、准組合員の規制は今回の法改正では見送られることになったが、表向きの准組合員規制の目的は、前述したように農協の経営資源を信用・共済から農業関連事業に選択・集中することで農業所得向上に寄与するということにある。その論理が正しいならば、准組合員比率と信用・共済事業のボリュームに相関関係が無ければならない。**図３**は、准組合員数比率（准組合員数／（正組合員数＋准組合員数））の割合を横軸に、事業のボリュームとして、

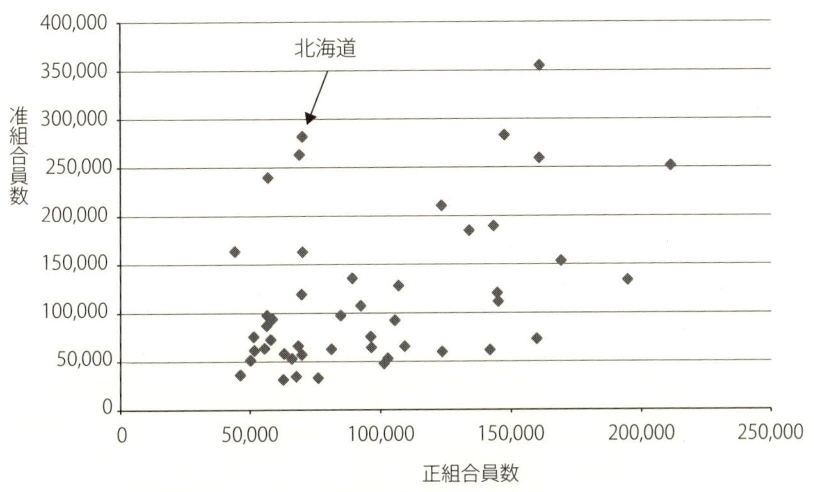

図２　都道府県別にみた正・准組正合組員合員数数（単位：人）

資料：農水省「総合農協統計表」2013年より作成。

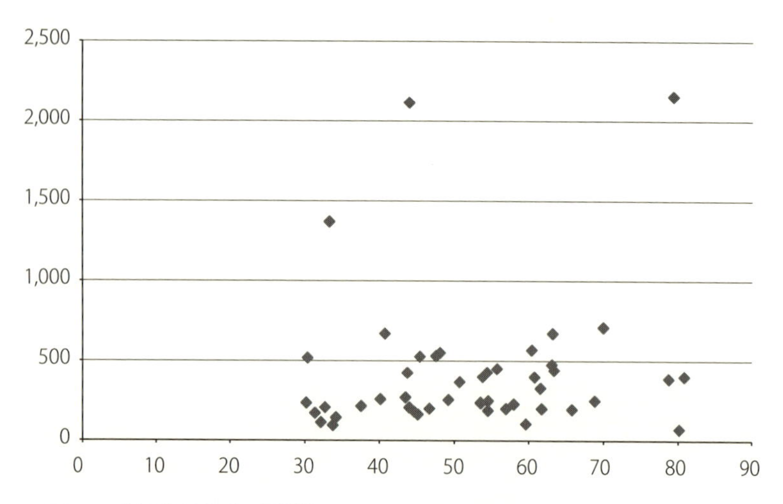

図3　准組合員比率（横軸）と信用・共済事業費率（縦軸）の関係（単位：%）

資料：農水省「総合農協統計表」2013年度より作成。
注：横軸は准組合員数／組合員数（正＋准）、縦軸は（信用・共済事業総利益合計）
　　／（購買・販売事業総利益合計）である。

購買・販売事業総利益に対する信用・共済事業総利益の割合を示しているが、そこには正の相関関係はみられない。

最後に、都道府県別に一農協あたり部門別事業総利益（積み上げ）を示したものが**図4**である。農協組織と一括りに言っても地域毎に実に多様な規模と事業構成になっていることがわかる。確かに、信用、共済事業で事業総利益の大半を占めるような地域もあるが、そうした農協が大半というわけではないことがわかる。前述したような農協法改正の理論的枠組みは、実態を一面的に切り取ったものである。

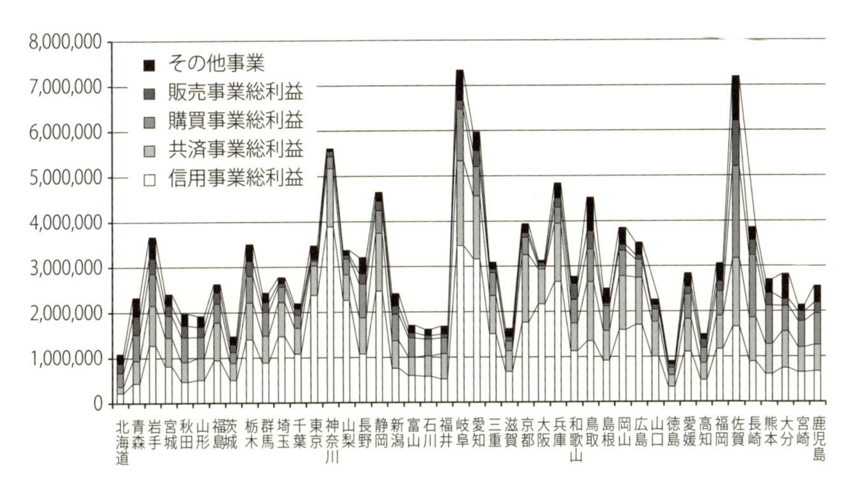

図4　農協あたりの部門別事業総利益（単位：千円）

資料：農水省「総合農協統計表」より作成。
注：1）事業部門のうち、営農指導事業は除いている。
　　2）その他とは、農業倉庫、加工、利用、宅地供給事業などである。
　　3）作表の都合上、一県一農協である奈良県、香川県、沖縄県の数値は除いている。

第4節　本書の目的と構成

農協改革はこれまでも繰り返されてきた。最近では2003年に「農協のあり方についての研究会報告」が出されて、信共分離、部門別独算制が提起された。農協としても第23回農協大会において「経済事業改革」の推進をおこない、さらには系統組織二段階化、大規模合併の推進によってある意味で「あり方研究会」が提起した問題への対応を行ってきたのである。しかし、経済事業改革といっても、購買事業のいわゆる拠点事業化はなされたが、農協系統全体としての評価は必ずしも成功とはいえない。そうしたなかで現在は、その揺り戻しもみられてきており、第26回農協大会では、支所重点化、出向く営農指導という取り組みがされてきたところで、今回の農協法改正がなされたのである。

今回の農協法改正が、いわゆる「制度としての農協」の終焉を意味するものであり、それはどのような議論の過程を経て生まれてきたのか。北海道は、前述した系統再編、農協合併においても独自の路線を辿ってきたなかで、今回の法改正は、北海道の農協へも大きな影響をもたらす可能性がある。そうであるならば、北海道の農協の実態を踏まえて、いま農協として何が必要なのか、という議論を発信していくことが重要だと考える。

第1章では、政府主導で展開されている農協法改正、その根底にある「規制改革会議」「産業競争力会議」主導の日本経済の舵取りの中でTPPが大筋合意され、全中も政府との議論と歩調を合わせるなかで、北海道としてはどのような発信をしていかなければならないのか。TPP大筋合意後に明らかとなった内容と、農水省の示した対策の評価を行う。第2章では、農協法改正の一連の経過とその本質について、制度としての農協の終焉を踏まえて、その後の姿を展望する。

第3章では、北海道の農協の現状（組織及び経営）を統計数値により概観し、以下の章の議論の土台を提示する。第4章では、重要な論点である准組合員問題について、農村におけるインフラ機能としての農協総合事業の実態を明らかにする。第5章では、全中監査外し後の監査のあり方について展望するとともに、北海道独自の課題を考察する。

第6章、第7章では、国民への安定的な食料供給を実現するための「制度」として機能してきた減反制度、指定生産者団体制度について、これまでの意義と今後の課題について明らかにする。

終章では、北海道の農協がその総合事業の枠組みの中で果たしてきた地域振興の意義を捉え直し、それをふまえて農業と地域を支える社会経済システムとして期待される役割と今後の課題について整理する。

【注】

（注1）富沢（2008）p.50より。

（注2）ヨス・ベイマン他編著（2015）は、2012年に欧州委員会によって刊行され

たEU規模の「Support for Farmers' Cooperatives -Final Report-」という大型研究プロジェクト最終報告書の訳本である。こうしたプロジェクトの存在自体からもEU加盟国における協同組合への関心の高さがわかる。

（注３）河野（2002）を参照のこと。

（注４）1995年にイギリスマンチェスターで開催されたICAの大会では、「協同組合のアイデンティティ声明」を発表した。その中で協同組合の価値は「自助、自己責任、民主主義、平等、公正、連帯という価値を基礎とする。協同組合の創設者たちの伝統を受け継ぎ、協同組合の組合員は、正直、公開、社会的責任、他人への配慮という倫理的価値を信条とする」とある（日本協同組合学会訳編（2000））。こうした規定からみても、今回の法改正による目的規定は協同組合の目的としては異質なものといえよう。

（注５）堀越（2014）p.91を参照のこと。

【参考引用文献】

伊庭治彦・高橋明広・片岡美喜編著（2016）『農業・農村における社会貢献型事業論』農林統計出版

太田原高昭（1986）『明日の農協』農文協

太田原高昭（2014）『農協の大義』農文協

河野勝（2002）『制度』東京大学出版会

坂下明彦（1991）「『開発型農協』の総合的事業展開とその背景」『経済構造調整下の北海道農業』（牛山敬二・七戸長生編著）北海道大学図書刊行会、207-216

坂下明彦（1992）『中農層形成の論理と形態―北海道型参議用組合の形成基盤―』御茶の水書房

谷口憲治編著（2014）『農協論再考』農林統計出版

富沢賢治（2008）「市場統合と社会統合―社会的経済論を中心に―」『非営利・協同システムの展開』（中川雄一郎・柳沢敏勝・内山哲朗編著）日本経済評論社、42-63

日本協同組合学会訳編（2000）『21世紀の協同組合原則』日本経済評論社

堀越芳昭（2014）「世界各国における協同組合法の最新動向」『経営情報学論集』第20号、91-109

ヨス・ペイマン他編著（2015）『EUの農協　役割と支援策』（株式会社農林中金総合研究所海外協同組合研究会訳）農林統計出版

第1章 TPP合意内容の検証と農政運動の課題

東山　寛

第1節　課題と方法

2015年10月５日、米国・アトランタで開催されていたTPP12ヶ国の閣僚会合が閉幕し、TPP交渉の妥結（大筋合意）が発表された。その後、2016年２月４日にNZ･オークランドにおいて署名式が行われ、TPP協定は今や「成立」している段階にある。

日本は大筋合意後、2015年11月25日に政府のTPP対策大綱（「総合的なTPP関連政策大綱」）を決定し、12月18日には2015年度補正予算案を閣議決定した（補正予算の成立は2016年１月20日）。この中には「TPP関連対策」として3,122億円が盛り込まれている。さらに、12月24日には政府のTPP影響試算（「TPP協定の経済効果分析」）が発表された。ここで特筆すべきことは、添付資料の「農林水産物の生産額への影響について」において、農産物（19品目）の生産減少額を約878億円～1,516億円としているものの、TPP対策を前提として、生産量への影響を「ゼロ」と見積もっていることである。

折しも大筋合意後の2015年11月11日に開催された「第28回JA北海道大会」では、TPPについて「国会決議と合意内容の整合性について説明責任を果たすよう強く求める」「組合員の不安を払拭し、将来にわたり希望を持って農業に取り組める環境を全力で作り上げてい（く）」とした。この部分は「組合員の意志結集による農政運動の展開」のパートで述べられている。

この大会議案ともかかわり、必要な作業は次の２点である。

第1に、農業分野におけるTPP合意の内容が、2013年4月の国会決議（衆・参農林水産委員会決議）が掲げた「米、麦、牛肉・豚肉、乳製品、甘味資源作物などの農林水産物の重要品目について、引き続き再生産可能となるよう除外又は再協議の対象とすること」との整合性をもつのかどうか、裏返して言えば「国会決議違反」と言い得る内容をもつのかどうかの検証を行うことである。

第2に、政府が示しているTPP対策が、文字通りに農業者の「不安を払拭し、将来にわたり希望を持って農業に取り組める」と言うに値する内容をもつのかどうか、現時点で可能な限りの検討を行うことである。

この「TPP合意内容の検証」と「TPP対策の検討」というふたつの作業から得られる示唆は、農協組織が取り組む「農政運動」とのかかわりから言えば、次のようなものとなるだろう。

第1に、TPP協定をこのまま批准して良いのかどうか、という問題である。

日本のTPP交渉参加をめぐる経緯を振り返っておけば、①菅直人首相（当時）による「参加検討」表明（2010年10月1日）、②野田佳彦首相（当時）による「協議開始」表明（2011年11月11日）、③解散総選挙（2012年12月16日）による政権交代を経て、④日米首脳会談における「センシティビティ」の確認（2013年2月22日）、⑤安倍晋三首相による正式参加表明（同年3月15日）、⑥日米事前協議の合意（同年4月12日）、⑦国会決議（同年4月18・19日）、⑧TPP交渉への正式参加（同年7月23日）といった主要なステップを踏んできた。

このうち、③以前の民主党政権下では交渉参加をめぐって党内が分裂状態となり、ついに正式参加を表明するには至らなかった。自民党においても、党内の農林族を中心に「撤回議連」（当時）が組織されていたにもかかわらず、交渉参加に踏み切ったのはひとえに安倍首相の強いリーダーシップゆえである（小里（2013））。ただし、その前提として「国会決議」があったことを忘れてはならない。これに伴い、農協組織の運動目標も「交渉参加反対」から「国会決議遵守」に変更されたのである。したがって、TPP合意内容の検証結果次第では当然に「批准阻止」運動に進むのが筋である。

第２に、政府が示しているTPP対策は果たして十分なものなのかどうか、という問題がある。この点は、TPPが日本の農業保護政策に与えるインパクトという視点から考える必要があるだろう。

本来、農業保護政策は「国境措置」と「国内助成」のセットとして捉えるべきものである。特に、日本の場合はそうである。なぜなら、特に重要品目では国境措置によって輸入量や価格をコントロールしつつ、関税等の収入を財源として国内助成を実施しており、輸入と国内生産のバランスをとることが日本の農業保護政策の基本線となっているからである。

しかし、今回はTPP合意で国境措置の後退が先に決まってしまい、その影響をカバーするための国内対策が後追いで検討されている。そして、この国内対策が背負った役割はきわめて重く、国内生産（量）への影響を「ゼロ」とするものでなければならない。この点は、先述した影響試算の「前提」でもあり、また、国会決議に文言として盛り込んだ「再生産可能」ともかかわる。また、折しも2015年３月に策定したばかりの第４次食料・農業・農村基本計画との整合性という問題もあるだろう。この基本計画で設定した食料自給率の目標（供給熱量ベース）は、周知のように39％（2013年度・基準年）から45％（2025年度・目標年）への引き上げである。

国会決議で挙げている「重要５品目」のコメ（全用途）、小麦、牛肉、豚肉、生乳、砂糖の生産量及び自給率を見ておけば、基本計画の「基準年」としている2013年度で順に872万トン・96％、81万トン・12％、51万トン・41％、131万トン・54％、745万トン・64％、69万トン・29％であり（畜産物は飼料自給率を考慮していない値）、「目標年」の2025年には872万トン・97％、95万トン・16％、52万トン・46％、131万トン・58％、750万トン・65％、80万トン・36％にそれぞれ維持・増大を図ることになっている。

繰り返しになるが、TPPが国内生産の縮小をもたらすようなことがあってはならない、というのがTPP対策の前提となっている。その鍵を握るのは「国境措置」と「国内助成」をつなぐものとしての「保護財源」の確保であろう。

関税等の撤廃・削減は、国内助成に充当するはずの保護財源の喪失にストレートにつながっていく。この点は、TPP対策大綱においても「農林水産分野の対策の財源については、TPP協定が発効し関税削減プロセスが実施されていく中で将来的に麦のマークアップや牛肉の関税が減少することにも鑑み、既存の農林水産予算に支障を来さないよう政府全体で責任を持って毎年の予算編成過程で確保するものとする」と明記された。

文末の「確保するものとする」に込められた政治の意志と力量が問われるが、対策に必要な財源の「規模感」が現時点で示されているわけではない。論点は、依然として「財源の喪失」と「対策の充実」が両立するのかどうか、という点にある。もしもそれが見通せないとするならば、現時点で示されているTPP対策は非現実的ということになり、農政運動の焦点は第１の点（批准阻止）に収斂していくことになるだろう。

以下では、第２節において農業分野におけるTPP合意内容を検証し、第３節においてTPP農業対策の検討を行うこととする。

第２節　TPP合意内容の検証

１．TPPの関税撤廃率

日本は、2016年６月７日に発効した日モンゴル協定を含めて、15の国・地域とFTA/EPAを締結している。政府がこれまで公表してきたTPP関連資料のなかでは、日豪EPA（2015年１月15日発効）及び日ペルー協定（2012年３月発効）以前の12EPAについて、全品目を単位とした自由化率（10年以内の関税撤廃率）を示してきた。これによれば、日フィリピン協定（2008年12月発効）の88.4％が最も高い水準であった（例えば、内閣官房「包括的経済連携の現状について」2011年11月、17頁）。

この自由化率の計算の基礎となっているのは、関税分類上のタリフラインである。日本はTPP交渉への参加表明に先立ち、後の国会決議でも掲げた「農林水産物の重要品目」に該当するタリフライン数（HS2007ベース）を整理して示していた。全体で834ライン、重要5品目では586ラインである。鉱工業品も含めた全品目は9,018ラインであり、834ラインを関税撤廃の例外扱いとすれば自由化率は90.8%、586ラインであれば93.5%となる。国会決議を文字通りに解釈すれば「農林水産物の重要品目は除外か再協議」であり、鉱工業品を100%関税撤廃したとしても、日本が許容し得る水準は日フィリピン協定を若干上回る90.8%になったであろう。

周知のように、TPPは「秘密交渉」であり、大筋合意後の政府公表により、その結果は初めて明らかとなった。なお、2010年3月に交渉を開始したTPPは、HS2007の関税分類に基づいて物品市場アクセス交渉を進めてきた。大筋合意時の公表資料もHS2007ベースの整理であったが、最終的な協定はHS2012をベースとしたものに変換されている。以下では、大筋合意時のHS2007ベースの数値を用いていることをあらかじめ断っておきたい。

まず、TPPでは従来の「自由化率」ではなく、「関税撤廃率」をベースに数値を整理している。したがって、10年を超える期間をかけて最終的に関税撤廃する品目も含むが、TPPにおける日本の関税撤廃率は全品目で95.1%、農林水産品は81.0%である。TPPでは、従来のEPAでは公表されてこなかった「農林水産品」の区分の数値が整理され、示されていることも特徴的である。

政府資料は、TPP12ヶ国の関税撤廃率を横並びで比較するかたちで示している。全品目では、他の11ヶ国は軒並み99〜100%であり、日本の水準が相対的に低いのは事実である。また、農林水産品についても、日本に次いで関税撤廃率が低いのはカナダの94.1%である。この限りでは、日本の「81%」という水準は「特別扱い」に映るかもしれない。なお、農林水産品については、10年以内（＝発効11年目まで）の関税撤廃率である自由化率を算出し得る資料も公表されている。これによれば、日本の農林水産品の自由化率は78.8%であり、日本に次いで低くなっているのはメキシコの91.3%であった。

この結果をどう見るかが、まずは問題となる。安倍首相は2016年1月22日の所信表明演説において「米や麦、砂糖・でん粉、牛肉・豚肉、そして乳製品。日本の農業を長らく支えてきた重要品目については、関税撤廃の例外を確保いたしました。２年半にわたる粘り強い交渉によって、国益にかなう最善の結果を得ることができました」と述べた。この「関税撤廃の例外をしっかり確保した」「国益にかなう最善の結果を得た」というのが、その後も繰り返される政府の公式見解となっている。

しかし、この「横並び」の比較にはほとんど意味がない。TPPが日本の農業にもたらす影響を推し量るうえでは、むしろ「これまでと比べてどうなのか」が問題である。

その点で、政府の公表はまだ十分ではない。大筋合意時の資料では、直近の日豪EPAの関税撤廃率（全品目）が「89％」であったことが、「注記」のかたちでかろうじて示されたに留まる（内閣官房TPP政府対策本部「TPPにおける関税交渉の結果」2015年10月20日、１頁）。そして、「89％」が「95％」に引き上がった限りでは、影響は軽微なものとの印象を受けるかもしれない。しかし、この日豪EPAについても、TPPで示した農林水産品の区分での数値は不明のままであり、比較可能な、肝心の数値は公表されていない。

管見の限り、このことにアプローチする唯一の手がかりは、日フィリピン協定の数値である。この点は、作山巧によって初めて示されたが、日フィリピン協定の農林水産品の「自由化率」は59.1％（作山（2015））、同じく「関税撤廃率」は61.6％である（作山（2016a））。先述したように、TPPは前者が78.8％、後者が81.0％であり、この限りでも20ポイント近い引き上げになっている。

したがって、TPPの第１の特徴は、農林水産品の自由化率・関税撤廃率を、従来のFTA/EPAと比べて大幅に引き上げていることである。政府はTPP大筋合意に際して、この事実を真っ先に説明すべきであったであろう。

２．農林水産品の関税撤廃構造

第２の特徴は、国会決議があったにもかかわらず、重要品目の関税撤廃に踏み込んでいることである。順を追って説明しておきたい。

TPPで関税を残したのは443ラインであり、すべて農林水産品である（鉱工業品は100％の関税撤廃）。農林水産品は計2,328ラインであり、裏返して、関税撤廃の扱いになっているのは1,885ラインである。ここから先の「81.0％」という関税撤廃率が算出される。そして、発効時（１年目）の関税撤廃となる「即時撤廃」の扱いとなっているものが51.3％を占める（内閣官房TPP政府対策本部「TPPにおける関税交渉の結果」2015年10月20日、２頁）。ただし、このなかには「既に無税」のものも含まれている。報道によれば、該当するライン数は、即時撤廃の扱いになっているものが1,095ライン、そのうちの「既に無税」のものが460ラインである（日本農業新聞2015年10月21日、３面）。したがって、TPPで即時撤廃するものは差し引き635ラインとなる。

したがって、農林水産品の2,328ラインのうち、「既に無税」の460ラインを除いた「有税品目」は差し引き1,868ラインであり、TPPではこのうち443ラインしか関税を残せなかったことになる。裏返して、TPPで関税撤廃する農林水産品の有税品目は差し引き1,425ラインであり、このうち635ラインが即時撤廃である。

この限りで、農林水産品の有税品目の関税撤廃率は76.3％であり、４分の３超で関税撤廃に踏み込んだことになる。そして、同じく有税品目の３分の１超の34.0％が即時撤廃である。

この有税品目1,868ラインを便宜的に「重要品目」と「重要品目以外」に区分し、さらに前者を「重要５品目」と「５品目以外」に細区分して関税撤廃の特徴をつかんでおくことが有用と思われる。言うまでもなく、重要品目は有税品目の内数であり、これまでのFTA/EPAで関税撤廃に踏み込んだことはない。該当するライン数は、重要品目が先述したように834ライン、「重要品目以外」が差し引き1,034ライン、重要５品目が586ライン、「５品目以外」の重要品目が差し引き248ラインである。

この重要品目の関税撤廃構造について、政府資料は「重要５品目」と「重要５品目以外」の区分を設けた総括表を示しているため（前掲「TPPにおける関税交渉の結果」３頁）、それをそのまま利用することができる。結果は

表1　TPPの関税撤廃構造─総括表─

	農林水産品（合計）	無税品目	有税品目			
				重要品目		
			重要品目以外	小計	5品目以外	重要5品目
ライン数	2,328	460	1,034	834	248	586
関税を残したライン	443	0	4	439	27	412
関税撤廃するライン	1,885	460	1,030	395	221	174
関税撤廃率（%）	81.0	100.0	99.6	47.4	89.1	29.7

資料：政府公表資料などによって作成。

表1のように示される。まず、便宜的に「重要品目以外」とした1,034ラインのうち、関税を残したのは4ラインに過ぎず（政府資料によれば「ひじき・わかめ」）、結果的にほぼ100%の関税撤廃である。そして、このカテゴリーには、重要品目にカウントされなかった相当数の園芸品目（野菜・果樹）が含まれていることは間違いない。

次に、重要品目の834ラインのうち、関税を残したのは439ラインであり（関税撤廃は差し引き395ライン）、関税撤廃率は47.4%である。国会決議で「除外か再協議」としていた重要品目において、ほぼ半分のレベルの関税撤廃に踏み込んでおり、まずこの点で「国会決議違反」と言わざるを得ない。

ただし、その内訳である重要5品目と「5品目以外」の区分で見た時に、関税撤廃率にはかなりの開きがある。まず、後者の「5品目以外」にあたる248ラインのうち、関税を残したのは27ラインに過ぎない（関税撤廃は差し引き221ライン）。関税撤廃率は89.1%と高率であり、およそ9割に達する。政府資料によれば、この27ラインに該当するのは「雑豆、こんにゃく、しいたけ、海藻等」となっている。

ここまでの「重要品目以外」と「5品目以外」の関税撤廃で、有税品目1,868ラインのうち1,251ラインを関税撤廃しており、関税撤廃率は67.0%と7割近くに達する。全品目9,018ラインのベースでは、鉱工業品の6,690ラインと農林水産品の無税品目460ラインを加えて8,401ラインとなり、93.2%の関税撤廃率となる。しかし、TPPではこのレベルをさらに越えて、重要5品目の関税撤廃に踏み込んでいるのである。

重要５品目の586ラインのうち、関税を残したのは412ラインである。裏返して、関税を撤廃したのは差し引き174ラインであり、関税撤廃率は29.7％である。重要５品目でも３割の関税撤廃に踏み込んでいることは、繰り返しになるが、重大な「国会決議違反」と言わざるを得ない（作山（2016b））。

結果的に、ここまでの関税撤廃に踏み込むことで、日本側の全品目ベースの関税撤廃率は95.1％になっている。TPPは「秘密交渉」であるため、その交渉のプロセスや交渉の枠組み（モダリティ）は依然として不明であるが（作山（2016a））、TPPの事前協議では、関税撤廃の扱いについて「90％から95％を即時撤廃し、残る関税についても７年以内に段階的に撤廃すべしとの考えを支持している国が多数ある」とされていた（内閣官房ほか４省「TPP交渉参加に向けた関係国との協議の結果（米国以外８ヶ国）」2012年３月１日、４頁）。ここで「支持している国が多数ある」とされていた「95％」の関税撤廃率に、日本が到達しているのは紛れもない事実である。

また、TPPの物品市場アクセス分野の交渉は、一般的なオファー・リクエスト方式により進められたが、そのプロセスのある段階において、オファーの自由化率の目標を段階的に引き上げていく「マイルストーン方式」が採用されていたのもほぼ間違いない事実である。そして、日本が交渉参加した直後にあたる2013年11月の首席交渉官会合（ソルトレイクシティ会合）の前段で、日本以外の11ヶ国は「第３マイルストーン＝タリフラインの95％の譲歩（concession）」を実現していたことが報道されているのである（東山(2016d)）。

TPP交渉の枠組み（モダリティ）において、「95％」の関税撤廃率が示されていたのだとすれば、上述したように重要５品目の関税撤廃にも踏み込まざるを得ない。TPP合意の結果は、このような「数合わせ」への対処という脈絡で理解するほかない。農林水産品の関税撤廃率を81％へと大幅に引き上げ、全品目の関税撤廃率を95％で決着させるために日本が採用したであろうプロセスは、①鉱工業品の100％の関税撤廃、②農林水産品の「重要品目以外」

のほぼ100％の関税撤廃、③「５品目以外」の９割の関税撤廃、④重要５品目の３割の関税撤廃、ということになる。結果的に、関税を残した443ラインは、②が４ライン、③が27ライン、④が412ラインであり、これがすべてである。

そして、国会決議は「交渉に当たっては、（中略）農林水産分野の重要５品目などの聖域の確保を最優先し、それが確保できないと判断した場合には、脱退も辞さないものとすること」としていた。したがって、重要５品目の関税撤廃にさえ踏み込まざるを得ないことが見通された時点で、交渉から脱退するのが筋というものであろう。この意味で、日本のTPP交渉は「二重の国会決議違反」を犯していると判断せざるを得ない。

３．TPPの譲許表

第３の特徴は、国会決議で「除外」か「再協議」を掲げていたにもかかわらず、TPP協定の譲許表ではそのような区分も、そのような扱いも見当たらないことである。

TPP協定の物品市場アクセス（第２章）の附属書である「譲許表」（日本の関税率表）は、日本語版で988頁、英文（正本）で1,133頁と膨大なものであるが、タリフラインごとの関税の扱い（実施区分＝staging category）は、それに対応する「記号」が付されている。この記号を解説したものが附属書の「一般的注釈」である（日本語版35頁、英文20頁）。ちなみに、日本のこの附属書は、12ヶ国のなかでも飛び抜けて分量が多い。日本に次いで分量が多いのはアメリカの10頁（英文）であり、次いでベトナムが７頁、メキシコが５頁、チリが４頁、カナダ・ペルー・ブルネイが３頁、オーストラリア・ニュージーランド・マレーシアが２頁、シンガポールに至ってはわずか１頁である。

日本の附属書では全部で63種類の記号が説明されている。最初に登場するのは「EIF」で、これは即時撤廃をあらわす（発効＝Entry Into Forceの略）。

その次に、「JPEIF*」という記号があらわれるが、これは砂糖（粗糖）について、調整金以外の関税を無税とし、調整金を削減することを定めた記号になる（詳細は後述）。

次いで、「B」を基本とする記号があらわれる。これは期間をかけた段階的な関税撤廃を意味する。例えば、「B4」であれば4年目（発効時を1年目として、発効から3年後）に無税となる。この段階的関税撤廃を定めた記号は、全部で33種類ある。最も長い期間をかけるのは、21年目に無税とする物品（例えば、ホエイ）である。

それに続き、「R」を基本とする記号があらわれる。これは関税削減の扱いをあらわす。例えば、16年目に9％まで関税を削減する牛肉には「JPR2」という記号が付けられ、関税削減の細かい手順が記されている。この関税削減をあらわす記号は、全部で24種類ある。

そして、「JPM1」と「JPM2」という記号があらわれるが、これは売買差益＝マークアップ（MはMark-upの略）の段階的な削減を定めたものとなっている。例えば、ムギがそうである（詳細は後述）。

最後に、「TRQ」と「MFN」が置かれる。「TRQ」は関税割当（Tariff Rate Quotaの略）をあらわす記号であり、その詳細は附属書に添付された「付録A」（日本語版122頁、英文82頁）で別途、定められている。これもかなりの分量がある。

TPP協定の関税割当には2種類あり、「TPP枠」と称される「TWQ」（TPP Wide TRQ）と「国別枠」をあらわす「CSQ」（Country-Specific TRQ）がある。前者は33種類、後者は25種類あり、日本がTPPで合意した関税割当の扱いは、品目に対応して計58種類となる。コメはアメリカ・オーストラリアに対する「国別枠」であり（詳細は後述）、「CSQ-JP1」という記号が付けられている。

最後の「MFN」は、譲許表の基準税率（関税の扱いを変更する際の起点となる税率）である実行最恵国税率（MFNは最恵国＝Most Favored Nationの略）を適用するものであり、これが現行の関税水準を変更しない、言い換えれば「維持」することを意味している。

以上をまとめると、TPP協定に定められている関税の扱いは、①即時撤廃、②段階的関税撤廃（33種類）、③関税削減（JPEIF*、JPM1・JPM2を含めて27種類）、④関税割当、⑤関税維持（MFN）の５区分（計63種類）に括られることになる。

この限りでも、国会決議が掲げた「除外」や「再協議」に相当する区分が見当たらないことは紛れもない事実である。それが一般的なのかと言えばそうではなく、日本がこれまでに締結したFTA/EPAでは、関税の扱いのなかに「除外」や「再協議」が定義されている。例えば、日豪EPAでは「附属書１」において除外は「X」、「再協議」は「R」または「S」という記号が用いられ、関税撤廃・関税削減・関税割当とは別に、「関税に係る約束の対象から除外される」と明記されているのである（東山（2015b））。

先の５区分のうち、③④⑤が関税を撤廃しない扱いに対応することになる。報道によれば、関税を残した農林水産品の443ラインのうち、(1)「関税割当を新たに設定し、税率を維持したもの」が160ライン、(2)「一部について税率を維持したもの」が11ライン、(3)「税率を維持したもの」が156ライン、(4)「税率を削減したもの」が116ライン、とされている（日本農業新聞2015年10月22日、１面）。原資料は農水省であるが、タリフラインの詳細が公表されているわけではないため、これ以上の把握はできない。

このなかで(2)がわかりにくいが、例えばチーズが該当すると思われる。大筋合意後の農水省による説明資料においても、ナチュラルチーズのうちの「その他チーズ（熟成チーズ）」では、ソフトチーズ（カマンベール等）は関税を維持し、ソフトチーズ以外（チェダー、ゴーダ等）は16年目に関税撤廃することが示された。これは、関税分類のうえでは同じひとつのタリフラインに括られており、(2)のような区分になったものと思われる。

それよりも注目したいのは、(3)に分類された156ラインの存在である。このラインが、先述した⑤の関税維持（MFN）の扱いに対応する。156ラインは、全品目（9,018ライン）のわずか1.7％、農林水産品（2,328ライン）の6.7％、有税品目（1,868ライン）の8.4％に過ぎないが、これが国会決議でも掲げている「除外」に該当するのかどうかを検討する余地はある。

ここでは、品目の例として「雑豆」を取り上げて検討することとしたい。雑豆は先述した「５品目以外」に該当する品目であり、全部で16ラインから成る。譲許表から整理した関税の扱いは、即時撤廃が５ライン、段階的関税撤廃が７ライン、残る４ラインは関税維持（MFN）の扱いとなっている。この限りで、関税撤廃率は75％となる。ただし、関税維持（MFN）の扱いとなっている小豆・いんげん（菜豆）などのラインは、すべて現行の関税割当の「枠外」に対応するラインであり、枠外関税（kg当たり354円の従量税）が適用される。そして、枠内関税（10％の従価税）は即時撤廃の扱いとなっている。

この雑豆を例にとると、現行の関税割当の仕組みは維持することが認められているものの、そのもとでラインは同一品目でも「枠内」と「枠外」に２区分されており、「枠外」のラインを関税維持（MFN）の扱いとすることが「除外」に相当するとは到底言い難い、ということを指摘しておかなければならない（作山（2016b））。これは、TPPのもとでも関税割当による「枠内」の輸入が継続することを意味しているだけであり、むしろその枠内関税を撤廃することは、実質的な関税撤廃に等しいと言うべきであろう。

この点が、2016年の通常国会のTPP審議における政府答弁にかかわっているといえる。通常国会におけるTPP審議は、2016年４月５日の衆議院本会議で審議入りし、翌４月６日に衆議院に設置されたTPP特別委員会（「環太平洋パートナーシップ協定等に関する特別委員会」）において提案説明が行われた。しかし、４月７日・８日に審議が行われたところで中断し、４月18日に再開したものの、４月22日を最後に実質的に打ちきりとなった（４月６日を除き計６日間）。そのなかで、４月19日に政府答弁に立った森山裕農相（当時）は、重要５品目にかかわって「関税の削減もしていない、関税の撤廃ももちろんしていない、いわゆる無傷と言われているようなものは幾つあるのか」という質問（民進党・玉木雄一郎議員）に対し、「強いて単純に枠内税率も枠外税率も変更を加えていないものがあったかなかったかと問われれば、それはないというふうに考えております」と答弁したのである。要するに、TPP合意では全品目で何らかの譲歩を行っていることを、政府も認めたと言って良い。TPP審議の再開に際しては、このことをスタートラインとするべきである。

TPP合意では確かに関税撤廃しなかった品目（農林水産品のタリフライン）があるのは事実であるが、国会決議が掲げ、想定していたような「除外」や「再協議」に該当する品目は皆無である、と結論づけることができる。TPPの譲許表にはそもそも「除外」や「再協議」に該当するような区分も定義もなく、そして、「一切の譲歩を行わない」という意味での実質的な「除外」に該当する品目も皆無であった。この点でも明確な国会決議違反であり、「除外」や「再協議」という扱いを獲得することができないと見通された時点で交渉から脱退すべきであろう。それは、交渉参加後のかなり早い時点であったと考えられる。

以上をまとめると、TPP合意内容と国会決議との関連は、①結果的に「95％」の関税撤廃率に到達し、重要５品目も含めて重要品目の関税撤廃に踏み込んでいること、②形式的にも実質的にも「除外」や「再協議」の扱いを獲得していないこと、③交渉プロセスのなかでこのような結果が見通されたにもかかわらず、交渉から脱退しなかったこと、の３点となる。この意味で、TPP合意は「三重の国会決議違反」を犯していると言わざるを得ない。

第３節　TPPの影響と対策

１．政府試算の特徴

前述したように、政府は大筋合意からあまり時間を置かず、TPP対策大綱を先にまとめ上げ、その後で影響試算を公表した。このプロセスのなかで、農協組織を含めてTPPへの強い懸念を示してきた農業団体はすぐに「対策と要請」に注力せざるを得ず、また、影響試算は「対策」を織り込んだものとなった。

農業への影響試算は、農畜産物19品目（コメ、小麦、大麦、砂糖、でん粉原料作物、牛肉、豚肉、牛乳乳製品、小豆、いんげん、落花生、こんにゃくいも、茶、加工用トマト、かんきつ類、りんご、パインアップル、鶏肉、鶏卵）を対象としている。

影響試算の前提は３つあり、①品目ごとに「競合するもの」と「競合しないもの」に区分、②価格への影響について、「競合する部分」は関税削減相当分、「競合しない部分」は価格低下率をその２分の１と想定、③生産量への影響については「国内対策の効果を考慮」する、とした。この結果、生産量への影響は「ゼロ」であり、影響（損失）はすべて②の価格低下から生じる。

また、全品目ではないが「国内対策により品質向上や高付加価値化等を進める効果を勘案」し、②の通りに試算したものを「下限値」（影響大）、価格低下率をさらにその２分の１と想定したものを「上限値」（影響小）とし、「幅のある」試算を示した。以下では、影響の大きい「下限値」の数値を用いる。

試算の結果、農業への影響額は約1,516億円とされている。対象品目の生産額の合計は約６兆8,000億円とされているため、政府試算ではおよそ２％の影響しか見込んでいないことになる。また、生産量の維持を見込んでいるため、自給率の低下も、多面的機能の喪失も生じない。

影響試算には「国境措置変更による影響試算データ諸元（農産物生産等）」の数値が添付されているため、これをもとに品目別の内訳を整理すると**表２**のようになる。ここでは、コメ、畑作物（ムギ、雑豆、砂糖、でん粉）、畜産物（牛乳乳製品、牛肉、豚肉）の主要品目を示した。各品目の影響額は「価格低下額」に「国内生産量」を乗じて算出されている。

先んじて述べておけば、政府試算の限りでも畜産に被害が集中することは明らかである。ここで示した畜産３品（乳製品・牛肉・豚肉）の影響額は計1,248億円であり、政府試算の限りでも全体の82％を占めている。また、表示したように、品目別の関税撤廃率では牛肉・豚肉の水準が突出して高いことは紛れもない事実である（東山（2016c））。このような差がいかなる事情

表２　政府試算（2015年）による影響額の品目別内訳

品目名		国産品価格①（円/kg）	国産品価格②（円/kg）	価格低下額（円/kg）	価格低下率（%）	国内生産量（千トン）	影響額（億円）	輸入品価格（円/kg）	関税撤廃率（%）
コメ		239	－	－	－	8,182	0	･･･	26
ムギ（小麦）		49	42	7.8	16	805	62	･･･	24
雑豆（小豆）		359	－	－	－	65	0	124	75
砂糖		200	193	7	4	729	52	65	24
でん粉		124	108	16	13	78	12	65	
乳製品	チーズ（原料用）	53	23	30	57	247	291	23	16
	チーズ（原料用以外）		46	7	13	170			
	バター・脱脂粉乳	71	64	7	10	1,626			
	生クリーム	79	72	7	9	1,298			
牛肉	（競合するもの）	883	733	150	17	100	625	554	73
	（競合しないもの）	2,337	2,150	187	8	254			
豚肉	（競合するもの）	590	547	43	7	550	332	504	67
	（競合しないもの）	650	624	26	4	367			

資料：「農林水産物の生産額への影響について」（影響試算付属資料）
注：１）国産品価格②は「国境措置変更後の国産品価格」。
　　２）品目別の関税撤廃率は報道資料による（日本農業新聞 2015年10月22日、3面）。
　　３）乳製品・牛肉・豚肉は「下限値」。

から生じたのか、政府は説明する責任があるであろう。

繰り返しになるが、影響試算では生産量への影響（縮小）を「ゼロ」としているため、TPPの農業への影響はすべて生産額領域の価格低下から生じる。そして、この価格低下はTPP合意による国境措置の変更（後退）によって生じるが、それがもたらすもうひとつの影響は、関税等収入の減少に伴う保護財源の喪失である。その意味で、TPPの農業への影響は二重である。

以下では、各品目の影響（価格低下）がどのように試算されているのかを説明したうえで、想定されているTPP対策とその問題点を指摘しておくこととしたい。

２．畑作物の影響と対策

（１）小麦

まず、畑作物の代表格である小麦について、試算の対象としているのは「競合するもの」としての国産小麦の全量である。価格低下の要因はマークアップの削減であり、輸入麦の価格低下が国産品に波及することを想定している。

価格低下額＝マークアップ削減相当分は約7.8円/kgである。

TPP合意では、小麦のマークアップを１年目に16.2円/kg、９年目に9.4円/kgまで引き下げることを約束済みであり（前掲「一般的注釈」による）、合意内容はマークアップの「45%削減」と説明されてきた（農水省「TPPにおける重要５品目等の交渉結果」２頁）。削減の起点となるマークアップの現行水準が示されていないが、おそらくは「7.8円＋9.4円＝17.2円」程度であろう。削減する7.8円と現行水準と思われる17.2円から逆算すると「45%削減」となり、辻褄が合う。小麦の試算では、マークアップの削減がストレートに影響額として示されている。

（２）雑豆

影響額が「ゼロ」とされている雑豆については、ここで表示していない「いんげん」も含めて、全量が「競合しないもの」とされている。TPP合意では、先述したように雑豆の関税割当制度を維持したものの、枠内の従価税（10%）は即時撤廃の扱いとなった。試算の諸元では、輸入品の価格は小豆が124円/kg、いんげんが107円/kgとされている。もし関税削減相当分として12円/kg、11円/kgの価格低下が生じるとすれば、それぞれの国内生産量を乗じて約10億円の影響額が生じることになる。雑豆の試算では、関税撤廃による影響を織り込んでいないことへの疑問が残ったままである。

（３）砂糖

砂糖について、試算の対象としているのは「競合しないもの」としての国内産糖（てん菜糖、甘しゃ糖）の全量である。価格低下の要因はふたつあり、①TPP合意による加糖調製品の関税割当の拡大、②高糖度粗糖の調製金削減である。いずれも、国内で製造されている輸入粗糖由来の精製糖の価格低下が、国内産糖に波及することが想定されている。

①について、加糖調製品は現状で50万トン程度輸入されているとみられるが（農水省「品目別参考資料」2015年11月、23頁）、TPP合意では新たに6.2

万トン（１年目）、最終年で9.6万トン（品目ごとに６～11年目）の関税割当（TPP枠）を約束した。影響試算では、この加糖調製品の砂糖部分が、国内で製造されている輸入糖（粗糖）由来の精製糖（120万トン）の６％を代替するとしている。したがって、最終年の9.6万トンの加糖調製品に由来する砂糖部分は、75％にあたる7.2万トン程度となるだろう。

また、②について、TPP合意による調整金の削減は「98.5度以上、99.3度未満」の高糖度粗糖を対象としており、関税を無税としたうえで、調整金は一般粗糖（98.5度未満）の「1.5円安」とすることで約束済みである（東山(2016a)）。また、政府はこの高糖度粗糖の調整金水準を39円/kgと説明してきた（前掲「TPPにおける重要５品目等の交渉結果」５頁）。これは同じく現行の一般粗糖の調整金水準（40.5円/kg）の「1.5円安」であり、この面でも辻褄が合う（調整金水準は前掲「品目別参考資料」21頁）。

影響試算は、①による価格低下額を５円/kg、②によるそれを２円/kgとしている。これは「農水省推計」であり、これ以上の詳細は明らかではないが、おそらくは調整金の削減との見合いから算出したものと思われる（詳細は後述）。いずれにしても、算出方法の不明瞭さが残ったままである。

（4）でん粉

でん粉について、試算の対象としているのは「競合するもの」としての特定用途（片栗粉、水産練り製品用等）向けの「ばれいしょでん粉」である。この部分は、砂糖･でん粉に共通する価格調整制度からすれば「制度対象外」となる。したがって、国産いもでん粉の全量が影響試算の対象になっているわけではない。試算資料によれば、この部分に該当する国内生産量は７万8,000トンである。これは、国産いもでん粉の全生産量（22万6,000トン）の35％程度をカバーしていることになる（生産量は前掲「品目別参考資料」24頁）。

価格低下の要因は、関税削減による輸入品の価格低下が、国産品に波及することである。価格低下額＝関税削減相当分を16円/kgとしているが、これは制度対象外のでん粉に対する現行の関税率（25％）に、影響試算で例示しているアメリカ産ばれいしょでん粉の価格（CIF価格）の65円/kgを乗じて求めたものであろう（関税率は前掲「品目別参考資料」24頁）。TPP合意では一定の数量について、無税の関税割当（国別枠）を設定しているためである。

ただし、この関税割当は「TPP参加国からの現行輸入量が少量の品目に限定し、枠数量を抑制」するかたちで設定したとしており（前掲「TPPにおける重要５品目等の交渉結果」６頁）、それとの見合いでは影響額が大きすぎるようにも思える。しかし、でん粉の試算が示していることは、たとえ限定的なかたちにしても、競合する輸入品へのアクセスを開いてしまえば、その水準への価格低下が全量に及ぶ、というシビアな見通しであろう。この点では積極的な試算を行っているといえる。

（５）畑作物のTPP対策

政府のTPP対策大綱は、品目別の対策を「経営安定・安定供給のための備え（重要５品目関連）」というかたちでまとめ、「米」「麦」「牛肉・豚肉、乳製品」「甘味資源作物」の順にその内容を記している。ここでは、ムギと砂糖について取り上げたい。

まず、ムギについては「マークアップの引下げやそれに伴う国産麦価格が下落するおそれがある中で、国産麦の安定供給を図るため、引き続き、経営所得安定対策を着実に実施する」としている。ムギについては、制度（経営所得安定対策）の持続性にかかわる財源確保の問題が論点となる。

経営所得安定対策における作物別の交付単価は、2014年度からの見直しにおいて、小麦が平均6,320円/60kg、二条大麦が平均5,130円/50kg、六条大麦が平均5,490円/50kg、裸麦が7,380円/60kgに設定されている。その算定プロセスにおいては、基本的に全算入生産費をベースとした「不足払い」的な仕組みが整えられているといえる（東山（2015a））。

農水省が公表している2014年度の支払実績によれば、小麦の支払数量は全国で82万483トン、二条大麦が４万9,189トン、六条大麦が４万1,275トン、裸麦が１万3,806トンであり、これに先ほどの平均的な助成単価を乗じれば、小麦が約864億円、二条大麦が50億円、六条大麦が45億円、裸麦が17億円となる。2014年度の助成額は計976億円と推計され、このうち小麦が89％とほぼ９割を占めている。他方、農水省が公表している「麦の需給に関する見通し」（2016年３月）の添付資料によれば、ムギへの交付金の推計額（「国内産麦振興費」）は2014年度で974億円であり、およその辻褄が合う（数値は「麦の参考統計表」42頁）。

同資料によれば、これに対応する保護財源である「外国産麦売買差益」（政府管理経費を除く）は772億円であり、差し引き202億円の赤字であることが示されている。

そのうえで、政府がTPP影響試算の関連資料として公表した内閣官房ほか３省「関税収入減少額及び関税支払減少額の試算について」によれば、ムギのマークアップの総額は2014年度で894億円である。これは１年目で45億円、最終年（９年目）で402億円の減収となることが示された。これに影響試算で示されている小麦・大麦の影響額（計66億円）が上乗せされれば、この限りでも必要とされる追加的な財源は468億円となる。そして、これら政府資料をベースとしても、国内産麦に対する保護財源は恒常的に600億円を超える赤字を抱えることが見通される。制度の存続に対する重大な懸念事項と言わざるを得ない。

もうひとつの砂糖については、TPP対策大綱では「国産甘味資源作物の安定供給を図るため、加糖調製品を新たに糖価調整法に基づく調整金の対象とする」ことが示された。これは糖価調整法（砂糖及びでん粉の価格調整に関する法律）の改正を必要とし、2016年３月８日にTPP関連法案のひとつとして提出されている。

砂糖にかかわる調整金の総額は500億円程度とされている（前掲「品目別参考資料」21頁）。他方、ALIC（農畜産業振興機構）が定期的に公表している「砂糖の調整金徴収及び交付金事業別・地域別の支払実績と収支状況」によれば、2014事業年度の調整金収入は532億円、これに「その他収入」の91億円を合わせると、砂糖勘定の収入は623億円となる。この「その他収入」には政府が措置している「調整交付金」が含まれると思われるが、その予算額は2014年度で81億円である。支出については、①サトウキビに対する甘味資源作物交付金（188億円）、②製造事業者に対する国内産糖交付金（207億円）、③国庫納付金他（197億円）に区分され、計592億円である。③の国庫納付金のなかには、経営所得安定対策（ビート）の財源に向けられる部分が含まれる。過去の審議会甘味資源部会資料では、その部分を190億円としていた（農水省「砂糖・でん粉の制度及び最近の情勢について」2014年７月、17頁）。

この限りで、ALICの砂糖勘定の収支は差し引き31億円の黒字となるが、過去の累積赤字を背負っているため、2014年度の期末残高は237億円の赤字である。直近の2015年度末でもなお220億円の赤字となっている。

別な観点から見ると、経営所得安定対策のビートに対する平均的な交付単価は7,260円/トン、2014年度の支払実績は370万9,206トンであり、両者を乗じれば269億円である。これに先の①②を加えれば664億円であり、調整金収入の対比で132億円の赤字となる。このように恒常的な赤字体質を抱えている砂糖の調整金収支では、TPPによる調整金の削減は「鬼門」と言うほかはない。JA北海道中央会は、先述した高糖度粗糖に対する調整金の削減による減収額を約20億円と試算している（日本農業新聞2015年11月３日、北海道版11面）。

これに対して、加糖調製品からの新たな調整金収入は、１年目で70億円、最終年（11年目）で100億円とされており（日本農業新聞2016年２月24日、３面）、この限りではトータルとして減収にはならないのかもしれない。ただし、糖価調整法の改正案では「新たな調整金を財源として、既存の調整金を引下げ」とあり（内閣官房「環太平洋パートナーシップ協定の締結に伴う関係法律の整備に関する法律案の概要」2016年３月、９頁）、この「新たな調整金」（加糖調製品）は輸入粗糖に対する調整金の引き下げと相殺される可能性も否めない。したがって、TPPの合意内容を越えて、砂糖の調整金は引き下げられる可能性がある。

この調整金の相殺にかかわる具体的な内容は不明のままであるが、TPP影響試算では国内で製造される精製糖の62％を輸入糖由来としており、新たな100億円に対応して62億円分が相殺される可能性もある。他方、そうなると国内産糖に向けられる新たな財源は差し引き38億円に過ぎず、それはTPP影響の52億円をカバーするには至らない。ここでも、財源不足の問題が懸念される。また、新たな調整金徴収によっても、砂糖の調整金収支（砂糖勘定）を改善する要因にはならず、制度の存続に対する懸念は払拭されない。

3．酪農品の影響と対策

酪農品（牛乳乳製品）について、試算の対象としているのは「競合するもの」としての、①チーズ（抱合せ対象チェダー・ゴーダ等）向け生乳、②チーズ（抱合せ対象以外のチェダー・ゴーダ等）向け生乳、③バター・脱脂粉乳等向け生乳、④生クリーム等向け生乳の４品目であり、国内生産のすべてをカバーしているわけではない。とりわけ、飲用乳は試算の対象外になっている。試算資料によれば、４品目の生産量（生乳）の合計は334万1,000トンである。これは、国内生産（生乳）の全生産量（744万7,000トン）の45％程度をカバーしていることになる（数値は前掲「品目別参考資料」95頁）。

（1）チーズ

①について、TPP合意でも現行のプロセスチーズ原料用ナチュラルチーズを対象とした抱合せ制度（国産１：輸入品2.5の比率で抱合せ）を維持したものの、同時に「その他チーズ（熟成チーズ）」に区分されるもののうち、ソフトチーズ（カマンベール等）以外のチェダー・ゴーダ等のナチュラルチーズは16年目に関税撤廃の扱いとなる。影響試算では①について、現行で53円/kgの国産品（生乳）価格が、23円/kgの国際価格（TPP由来チーズCIF価格）に下落すると想定している。価格低下額は30円/kg、価格低下率は57％であり、影響試算の主要品目を通じて最大である。

②も同じチーズであるが、価格低下額＝関税削減相当分は７円/kgである。これは国際価格（23円）に、現行のナチュラルチーズの関税率（29.8％）を乗じて求めたものと思われる。したがって、①②の価格低下の要因は、ナチュラルチーズ（ゴーダ・チェダー等）の関税撤廃である。

（２）バター・脱脂粉乳及び生クリーム

次に、③のなかには脱脂粉乳を含み、TPP合意で関税撤廃（21年目）の扱いとしたホエイと競合する。影響試算では、このホエイと競合する部分の価格が、①と同様に現行の71円/kgから国際価格水準（23円/kg）に下落することを認めたうえで、その下落幅の48円/kgに15.6％（バター・脱脂粉乳等向け生乳のうちホエイの影響を受ける割合）を乗じて、価格低下額の７円/kgを算出している。

④の生クリームは、生鮮品（液状乳製品）であるため本来は輸入品との直接的な競合関係はないはずであるが、③のバター・脱脂粉乳の影響が波及すると想定している。価格低下額は、同様に７円/kgである。

したがって、③④の価格低下の要因とされているのは、ホエイの関税撤廃である。酪農品の試算では、北海道を主産地とするバター・脱脂粉乳、生クリーム、チーズといった主要な乳製品が、全面的にTPPの影響にさらされることが端的に示されている。

（３）酪農品のTPP対策

TPP対策大綱では「生クリーム等の液状乳製品を加工原料乳生産者補給金制度の対象に追加し、補給金単価を一本化した上で、当該単価を将来的な経済状況の変化を踏まえ適切に見直す」とした。現行の補給金制度はバター・脱脂粉乳とチーズの２品目を対象としており、2015年度はバター・脱脂粉乳向けが12.90円/kg、チーズ向けが15.53円/kgに設定されている。酪農品では、補給金制度以外に特段の対策は想定されていないため、TPPによる影響＝価格下落が対策でカバーされるのかどうかが論点になるだろう。

この補給金制度を中心とするTPP対策は、文字通りの北海道対策でもある。2015年度の北海道の指定団体による販売乳量はおよそ380万トンであり、このうち飲用向け（道内・道外の計）は６万3,000トン、17％に過ぎない（数値は「指定団体情報」2016年５月13日、３面）。この飲用向けも含む用途別の構成は、バター・脱脂粉乳等向けが36％、生クリーム等向けが31％、チーズ向けが11％となっている。生クリームを補給金の対象に取り込めば、対象用途は現在の47％（181万トン）から78％（298万トン）に拡大することになる。およそ1.6倍の拡大である

他方、2015年度の用途別の生乳取引価格（税抜き）は、飲用牛乳向けが117.4円/kg、特定乳製品（バター・脱脂粉乳を含む）が74.46円/kg、生クリームが81.50円/kg、脱脂濃縮乳が75.46円/kg、ハードチーズ（ゴーダ・チェダー）が68.00円/kg、ソフトチーズ（カマンベール等）が66.00円/kgとなっている（数値は2016年３月１日開催の補給金等単価算定方式検討会・資料４、14頁）。これに補給金が加わると、バター・脱脂粉乳が87.36円、チーズがそれぞれ83.53円/kg、81.53円/kgとなり、いずれも生クリームを上回ることとなる。

新たな補給金制度では対象用途を特定せず、一本化することになっている。しかし、仮に生クリーム用途に限定して補給金を設定するとすれば、取引単価がバター・脱脂粉乳を上回ることを反映して、15.53円から価格差を差し引いた8.5円程度になるかもしれない。ただし、それがプール乳価をどれだけ押し上げるかとなると、当面は31％分の２円程度にしかならないであろう。

しかしながら、先述したようにTPPではバター・脱脂粉乳及び生クリームだけでも７円の価格低下を想定しており、現行の用途別構成からすれば、これだけでも４円以上の影響をプール乳価に及ぼす。補給金単価は「将来的な経済状況の変化を踏まえ適切に見直す」としているが、具体的な算定方式は未定のまま推移しているため、現時点でこれ以上の検討はできない。

また、生クリームを対象に追加し、さらなる乳価下落に対処するとなれば、当然のことながら予算額はそれに応じて膨らんでいく。2015年度の予算額（所

要額）はバター・脱脂粉乳178万トン、チーズ52万トンの交付対象数量を設定し、310億円となっている。生クリーム用途に8.5円を交付するとすれば、それだけでおよそ100億円の増になる。しかし、それだけではプール乳価を２円程度しか押し上げることができないため、TPP影響の少なくとも４円以上の下落をカバーするには至らない。さらなる追加的な財源が必要であろう。したがって、価格下落対策と財源確保の両面で、依然として不安は払拭されない。ここでも、新たな制度の存続に対する懸念を指摘することができる。

４．牛肉・豚肉の影響と対策

（1）牛肉

牛肉について、試算の対象としているのは、①「競合するもの」としての「肉質等級１等級及び２等級（和牛、交雑牛を除く）」の国産牛肉と、②「競合しないもの」としての「肉質等級３～５等級及び２等級（和牛、交雑牛）」であり、２区分されている。対応する生産量は、両者を合わせて国内生産のすべてをカバーしており、①は28%、②が72%のシェアを占めている。試算の前提により、②の価格低下率は①の２分の１とされているため、価格低下の要因はすべて①に起因する。

TPP合意では、牛肉関税を現行の38.5%から27.5%（１年目）、16年目に９%まで引き下げることを約束済みである。なお、１年目の水準は、2015年１月に発効した日豪EPAの３年目（2016年４月）の水準に意図的に合わせたものであることを付言しておきたい（東山（2016b））。

この関税削減が価格低下の要因であるが、これにより国産品（部分肉）の価格は883円/kgから733円/kgへ下落する。価格低下額は150円/kgである。影響試算で示している競合品の価格は、国際価格（世界総計CIF価格）にTPPでの最終関税率９%を加えた554円である。これ自体は、TPP合意による「国境措置変更後の輸入品の価格」である。逆算すると、関税相当分を除いた国際価格水準は508円/kgであり、これに現行の関税率38.5%を加算すれば704円/kgとなる。価格低下額＝関税削減相当分は、両者の差額から算出されていると思われる。

牛肉の試算では、特に「競合するもの」に区分されている乳用種への影響度合いが大きい。それは言うまでもなく、北海道の畜産問題でもある。

（2）豚肉

最後に、豚肉についても試算の対象は、①「競合するもの」と②「競合しないもの」に区分されている。前者の国産品（部分肉）の価格は「全規格平均」（中央市場）を採用しており、後者は「極上または上の格付品」（東京・大阪市場）を抜き出したかたちをとっている。対応する生産量は、両者を合わせて国内生産のすべてをカバーしており、①は60%、②が40%のシェアを占める（②に該当するのは銘柄豚肉）。牛肉と同様に、②の価格低下率は①の２分の１とされているため、価格低下の要因はすべて①に起因する。

まず、競合する輸入品の価格は504円/kgに設定されている。これは、TPP合意でも基本的な骨格は維持した差額関税制度の下で、輸入量の９割が分岐点価格（524円/kg）での輸入、残る１割が従量税（最終的に50円/kg）で輸入されることを見込み、後者をアメリカ産豚肉の輸入条件を用いて算出した数値となっている。これも牛肉と同様に「国境措置変更後の輸入品の価格」に相当する。

次に、価格低下額は43円/kgである。現行の差額関税制度の下では、分岐点価格の524円/kgに従価税（4.3%）相当分の23円を加えた547円が輸入品の価格となる。TPP合意では、分岐点価格の水準は維持したものの、従価税は撤廃（10年目）、従量税は50円/kgの水準まで引き下げることとし（同じく10年目）、先の504円/kg（部分肉）が最終的な輸入品の価格と見込まれている。価格低下額＝関税削減相当分は、両者の差額から算出したものと思われる。

価格低下の要因は、従価税の関税撤廃と従量税の関税削減であるが、分岐点価格での「ゼロ関税」の輸入が９割を占めると見越しており、その意味では事実上の関税撤廃に等しい。さらに、分岐点価格でのコンビネーション輸入が継続するという前提が大きく変わるようなことがあれば、影響額は大きく膨らむ可能性があることにも留意すべきである。

（３）牛肉・豚肉のTPP対策

TPP対策では「肉用牛肥育経営安定特別対策事業（牛マルキン）及び養豚経営安定対策事業（豚マルキン）を法制化する」ことと「牛・豚マルキンの補填率を引き上げるとともに（８割→９割）、豚マルキンの国庫負担水準を引き上げる（国１：生産者１→国３：生産者１）」ことを述べている。前者では法改正が必要であり、TPP関連法案として「畜産物の価格安定に関する法律」の改正案が提出されている。牛肉・豚肉においても、TPPによる影響＝価格低下が対策でカバーされるのかどうかが論点となる。

まず、現行のマルキン制度は、粗収益が生産コストを下回った場合に、生産者と国の積立金から差額の８割を補填金として交付することを基本的な仕組みとしている。肉用牛の対象品種は、①肉専用種②交雑種③乳用種の３区分であり、2016年度の積立金は１頭当たり①４万円（うち生産者負担１万円）②10万円（同２万5,000円）③10万4,000円（同２万6,000円）となっている（数値は農水省畜産部「畜産をめぐる情勢」2016年９月）。予算規模は2016年度の所要額で869億円である。豚マルキンの場合、2016年度の積立金は１頭当たり1,400円（うち生産者負担金700円）であり、所要額は100億円である。

TPP対策では、補填率を現行の８割から９割に引き上げ、豚マルキンでは生産者負担を２分の１から４分の１に引き下げることになっているが、国費による実質的な補填率は90％×75％＝67.5％に過ぎない。影響試算では、牛肉で８～17％、豚肉で４～７％の価格低下を見込んでいるにもかかわらず、生産者に影響（損失）を転嫁するかたちになっている。

もうひとつの問題は、財源確保である。直近の2016年度予算では、先の牛マルキン869億円、豚マルキン100億円に加えて、肉用子牛生産者補給金制度203億円、肉用牛繁殖経営支援事業169億円が措置され、これだけでも計1,341億円の予算規模となる（いずれも所要額）。その財源の裏づけとなっているのが牛肉関税である。農水省畜産部が公表している「牛肉等関税収入と肉用子牛等対策費について（平成28年度予算）」によれば、2016年度の牛肉等関税収入予算は1,020億円（見込み）であり、そのなかから571億円がALICに交付され、その他27億円とあわせて598億円が「肉用子牛等対策費」（牛・豚マルキンを含む）に充当されることとなっている。

他方、前掲「関税収入減少額及び関税支払減少額の試算について」によれば、2014年度のTPP11ヶ国からの牛肉関税収入は約1,210億円であるが、関税削減に伴い1年目に200億円減少、最終年に680億円を喪失することが示されている。この最終年の680億円という金額は、2016年度のALICへの交付金571億円をも上回る。ここでも深刻な財源不足問題が懸念されるのであり、新たなマルキン制度に対する存続の懸念は払拭されない。

5．コメの影響と対策

（1）TPPのコメ対策

最後に、影響額を「ゼロ」としたコメについては、全量が「競合しないもの」に区分されている。

周知のように、TPP合意ではアメリカ・オーストラリアに対し、主食用米の関税割当（国別枠）を約束しており、その数量は最終年（13年目）で7万8,400実トン（アメリカ7万トン、オーストラリア8,400トン）となる。この全量が精米で輸入されるとすれば、玄米換算では約8万6,000トンである。これは、国内生産の主食用米生産量（818万2,000玄米トン）の1％を超える水準である。

試算においても、その影響について「国別枠により輸入米の数量が拡大することで、国内の米の流通量がその分増加することとなれば、国産米全体の価格水準が下落することも懸念される」としているものの、「国別枠の輸入量の増加が国産の主食用米の需給及び価格に与える影響を遮断するため、毎年の政府備蓄米の運営を見直し、新たな国別枠の輸入量に相当する国産米を確実に政府が備蓄米として買い入れることから、国産主食用米の生産量や農家所得に影響は見込み難い」というのが影響額を「ゼロ」とした理由として挙げられている。

しかし、この備蓄米の「買い増し」に伴う財政負担の問題は、ほとんど具体的に検討されているようには思えない。新たな備蓄米制度の運営では、現行の棚上げ備蓄の期間を５年から３年に短縮することになっている（農水省「農政新時代：水田・畑作分野におけるTPP対策」2016年２月、４頁）。政府備蓄米の運営は、適正備蓄水準100万トン程度を前提とし、毎年播種前に20万トン程度を買い入れ、５年持越米となった段階で飼料用等に売却するのが基本である。買入量は、2014年産：25万トン、2015年産：25万トンと推移してきたが、2016年産は22.5万トンとし、2017年産は20万トンとすることになっている（農水省「米をめぐる関係資料」2016年７月、26頁）。これを「３年保管」とした場合に、年間の買入量は33万トンとなる。TPP対策に伴う新たな買入量の８万6,000トンを差し引けば24万4,000トンであり、直近の買入実績もカバーされることになる。これで辻褄が合う、ということなのかもしれない。

そして、TPP政府対策本部のサイトが「その他参考資料」のなかで示しているところによれば、政府備蓄米の売買にかかわる財政負担は「１万トン当たり約20億円」である（資料09「TPPに関する参考資料（農業関係④）」３頁）。したがって、８万6,000トンの追加買い入れは172億円の売買差損を発生させることになる。

（2）コメ試算の問題点

上述の各品目の試算では、加糖調製品を除いて輸入量の増加を明確に言及しているものはない。しかし、コメはTPPに伴う輸入増加が半ば前提であり、その影響への対処がTPP対応の出発点となっている。アクセス拡大による影響を見込んでいる点では加糖調製品やでん粉も同じであるが、コメの場合はそれによる価格低下の影響を見込んでいない。この点は政府試算のもつ矛盾である。

政府試算の限りでも、主要品目で国境措置の後退による価格低下が生じることは明らかである。したがって、TPP対策はその損失をカバーすることが基本線にならざるを得ない。しかし、コメや雑豆のように影響額を「ゼロ」と見積もっている限り、対策を講じる根拠はどこからも出て来ず、「無策」に留まり続けることになる。その意味でも、影響試算は重要な位置づけをもっており、TPP対策の起点である。この点を、あらためて確認しておかなければならない。

（3）TPPと「減反廃止」

2015年産の主食用米作付面積は全国で140.6万haとなり、生産数量目標（面積換算）の141.9万haを1.3万ha下回る結果となった（前掲「米をめぐる関係資料」37頁）。他方、飼料用米の作付面積は8.0万haとなり、前年比で4.6万ha増加している。都道府県別に見ると、千葉県（9,100ha）、茨城県（3,800ha）、新潟県（4,600ha）などが依然として超過作付ではあるものの、2015年から開始した「深掘り」が一定の効果を有していたと言えよう。

この「深掘り」を後押ししているのが、水田活用の直接支払交付金の予算確保とその拡充である。このことは、この間のTPP対策と並行して行われ、2015年度補正予算では160億円の増額、2016年度当初予算では3,078億円を確保している（前年比307億円増）。飼料用米の作付面積は、基本計画で掲げた110万トンから換算すれば14万ha（単収530kg/10a）から21万ha（単収759kg/10a）を目指すこととしており、交付金を８万円/10aとすれば1,160～1,660億円が必要だとされている（前掲「TPPに関する参考資料（農業関係③）」５頁）。現状の８万haが交付金640億円に相当するとすれば、さらに500～1,000億円の予算の積み増しが必要である。

政府は、2018年産（平成30年産）から予定通り「減反廃止」に踏み切ったとしても、飼料用米の作付けを拡大する方向で水田活用の直接支払交付金を拡充していけば、需給調整は達成されると見込んでいる。反面、2014年から半減されたコメの直接支払交付金は廃止となり、その予算額（750億円）は飼料用米の拡大に充当されることになる。それで辻褄が合う、ということなのかもしれない。

しかしながら、「減反廃止」がどのような帰結をたどったとしても、「低米価」政策が継続することになる。飼料用米のメリットは、過剰作付地域を中心として相対的な低米価との対比から生まれるものであり、もしも再び過剰作付が拡大し、需給バランスが崩れたとしても、それはそれで低米価に帰結することになる。このような「低米価」政策の継続は、TPPがコメにもたらす影響を受け止めるための準備にほかならない。そのための隠れたコストが、水田活用の直接支払交付金の増額を最重点とした予算確保に現れているといえる。

以上見てきたように、TPP対策の問題点は、①TPPがもたらす影響＝価格低下を無条件に受け入れつつ、②生産費を基準とした「不足払い」的な仕組みが整っている畑作物についても、制度の持続性に懸念を抱かせる深刻な財源不足を引き起こし、③新たな制度を整えるとしている畜産物についても、価格補填対策と財源問題の両面で、TPP対策が現場の不安を払拭するとは考えられない。そして、影響を「ゼロ」と見積もっているコメについては、TPPを見越した「低米価」政策の継続が見通される反面、TPPへの対処は「無策」である。現時点で、TPP対策が日本の農業を「再生産可能」な状況に導くと判断することはできない。

第４節　結論

本章の結論を述べておけば、第１に、TPP合意の内容は「三重の国会決議違反」を犯している、という点にある。それは、繰り返しになるが、①関税撤廃も含む重要品目の譲歩に踏み込んでいること、②TPP協定には「除外」や「再協議」という扱いがないこと、③日本が交渉プロセスの早い段階において、重要品目の譲歩に踏み込まざるを得ないこと、また、TPP協定には品目単位の「除外」や「再協議」という区分がないことが判明していたと思われるにもかかわらず、交渉からの脱退という道を選択しなかったこと、の３

点においてである。

第2に、TPP対策の基本線は、国境措置の後退による影響（価格低下）をカバーしつつ、保護財源の喪失と対策の充実を両立させることにあるが、畑作物・酪農品・畜産物について現時点で可能な限りの検討を行った結果、いずれにおいても制度（経営安定対策）の存続に対する懸念が浮き彫りにならざるを得なかった。

まず、価格補填対策の面では、酪農品（補給金制度）と畜産物（マルキン）がこれに該当するが、TPP影響をカバーするという面では明らかに不十分である。さらに、国境措置の後退に伴う保護財源の喪失は、政府対策も意識しているようにムギと牛肉では数百億円のオーダーに及ぶほどの巨額であり、これにTPP影響が加わる。新たな財源確保が見通されている砂糖においてすら、同様の問題があることを指摘したい。

政府試算は確かにTPP影響（損失）を示しているものの、対策を前提として生産（量）への影響を「ゼロ」とした意味は重い。それが担保されるためには、対策の充実によりTPP影響をカバーする必要があると同時に（価格補填対策）、畑作物・酪農品・畜産物にわたる経営安定対策の安定的な運用が求められる（制度の存続）。したがって、少なくとも両者にかかわる必要財源の「規模感」や確保の見通しが具体的に示されなければ、農業サイドとしてTPP合意の是非を判断することは絶対にできない。それを説明するのは、政府の重大な責任である。

最後に第3に、農政運動の課題を述べることとしたい。冒頭で述べたように、北海道JAグループが農政運動の課題として掲げているのは「国会決議との整合性についての説明責任」と「農業者（組合員）の不安の払拭」である。この点については、これまでの経過を踏まえる必要があり、前者はTPP合意以前の運動目標であった「国会決議の遵守」を検証すること、後者は合意以降の「TPP対策」の充実にかかわる要求と深く結びついている。しかし、もしTPPが国会で批准されるような事態になれば、前者は不問に付されかねず、農政運動の課題はますます後者（TPP対策）に傾斜していくこととなる。

しかし、そこに展望があるかどうかは、現時点で判断する材料がきわめて乏しいと言わざるを得ない。このような状況は、ぜひとも打開しなければならない。

そのためには、問題の根本を見つめ直す必要がある。当面の課題は次のふたつである。ひとつは、TPP合意の結果は明確な「国会決議違反」であるにもかかわらず、それをなし崩し的に追認しようとする国会運営、ひいては政権運営に対する異議申し立てを行うことである。農政運動の課題としてこのことを取り込まなければ、展望をひらくことはできない。

もうひとつは具体的な課題となるが、対策を織り込んだTPP影響試算を一応は認めるとしても、その財政的な裏づけを明らかにすることを求め、財源の喪失と対策の充実が本当に両立するかどうかを真剣に検証することである。政府が説明責任を放棄しているのはまさにこのことであり、これまでの蓄積された経験も踏まえて、制度設計の当事者的立場でもある農業団体が突破口を開かなければ存在意義を問われる。この問題は農業者のみならず、納税者である国民の利害とも深くかかわっているからである。

【参考引用文献】

小里泰弘（2013）『農業・農村所得倍増戦略：TPPを越えて』創英社／三省堂書店
作山巧（2015）『日本のTPP交渉参加の真実：その政策過程の解明』文眞堂
作山巧（2016a）「TPPの交渉経緯と協定発効までの道筋」『農業と経済』昭和堂、2016年３月号、5-12
作山巧（2016b）「国会決議は守られたのか：TPP合意における重要５品目の検証」『農業経済研究』岩波書店、第88巻第２号、206-211
東山寛（2015a）「経営所得安定対策の見直しと北海道畑作」『アベノミクス農政の行方：農政の基本方針と見直しの論点（日本農業年報61）』（谷口信和・石井圭一編）農林統計協会、149-156
東山寛（2015b）「日豪EPAの影響と国内対策の論点」『農業と経済』昭和堂、2015年４月号、44-52
東山寛（2016a）「増産・増反機運に逆行するTPP大筋合意：ビートを中心に」『農村と都市をむすぶ』全農林労働組合、2016年２月号、27-32
東山寛（2016b）「TPP大筋合意と農業分野における譲歩の特徴：日豪EPAとの比較を中心に」『自由貿易下における農業・農村の再生：小さき人々による挑戦』

（高崎経済大学地域科学研究所編）日本経済評論社、51-65
東山寛（2016c）「TPPと農業」『TPPと農林業・国民生活』（田代洋一編著）筑波書房、45-69
東山寛（2016d）「TPP交渉のプロセスを再検証する：物品市場アクセス分野を中心に」『農業と経済』昭和堂、2016年6月臨時増刊号、113-118

第2章
「制度としての農協」の終焉と転換

北原　克宣

第1節　本章の課題

2014年から本格化し始めた農協攻撃のかなめは、全国農業協同組合中央会（以下、全中と略）に対するものであった。全中が攻撃の対象とされたのは、全国の農協を束ねているのが全中であり、各農協の独自の展開を妨害し農業の発展を阻害してきた戦犯と見なされたからである。例えば、朝日新聞は2015年1月18日付社説で、「農協改革　目的を見失うな」との見出しで次のように論じた。

> 「政権と全中に求めたいのは、政治的思惑や駆け引きを排し、改革の目的を忘れずに農協のあり方を根本から見直すことだ。／……個々の農協が創意工夫をもっと発揮し、地域に根ざした取り組みを広げることが不可欠だ。なのに、全中を中心とするJAグループのピラミッド型の組織構造がそれを阻んでいないか。」

この社説では、上記の文章に続けて「注目したい農協」としてJA越前たけふを取り上げ、農業生産資材の独自ルートでの仕入れなどの取り組みを高く評価し「このような挑戦を促しつつ、非効率を徹底的になくしていくこと」が必要だと主張している。このような見解は、「農協改革」を謳う多くの農協批判に共通するものといえるが、これは２つの点から的を射ているとは言えない。第１に、農協経営の目的を「農業の強化」に限定して一面的に捉えていることである。規制改革会議による農協批判においても、農協が農業発展に寄与していないと批判しているが、そもそも農協は農家が出資してできた協同組合であり、組合員の利益を最大化することが本来の目的である。したがって、農業収入を高めることは農協の目的の１つであるのは当然であるが、これに限定されるものでもない。とりわけ、農家の収入源が農外就業や年金などの農外収入に大きく依存する時代においては、組合員のニーズが多様化するのは自然の成り行きであり、農家の利益を最大化する目的に照らして農協経営の軸足が変化してきたのも当然である。農協が農業の発展に寄与していないとする批判は、日本農業が衰退した要因を農協に押し付けることで問題の本質から目を反らそうとしている点で問題であるが、同時に農協の目的を「農業の発展」という一面に押し込めようとしている点でも問題である。

第２に、農協組織が「全中を中心とするピラミッド型」になっているとの思い込みである。こうした誤解は、国と地方自治体を重ね合わせて農協組織を見ているからと思われるが、単位農協の各事業を基点に農協組織を見てみると、実はピラミッド型ではなく逆ピラミッド型になっていることがわかる。これは、単位農協の上部組織が単協の事業を補完するために組織されているからであり、そうであるがゆえに全国組織は信用・共済・販売・購買・厚生など事業ごとに農林中金、全共連、全農などに分かれて組織されているのである。このことは、農協組織の本来的な主役は全国連ではなく、単位農協にあることを示している。

にもかかわらず、先に取り上げたような農協批判が一定の影響力を与えているのは、一面においては戦後農協に内在する問題点を突いていたからといえる。しかし、それは先の社説に見られるように、農協の一面だけを取り上げての批判である場合が多く、農協がもつその複雑で多面的な性格を総体的に捉えたものは少ない。全中の解体的再編につながる農協法改正が行われ、

「農協悪玉論」が常識化しつつある今日の状況に対し、改めて戦後日本社会の中で果たしてきた役割を検討することは、時流に流されることなく冷静な視点から農協について論じるうえで意味を持つと思われる。そこで本章では、戦後農協が戦後日本社会の中でどのような位置づけにあり、どのような役割を果たしてきたのか、そしてそれが現段階でどのように変化したのかについて検討することを課題とする。なお、この課題について検討を進めるにあたり、本章では、戦後日本農協の特徴を「制度としての農協」と捉える視角を用い、その成立・展開・終焉・その後の展開を具体的に明らかにすることを通じて戦後農協の意義と限界、今後の課題を明らかにする。「制度としての農協」と捉える視角を用いるのは、戦後農協の特徴がこの概念に集約されているからであり、この概念が成立しなくなる今日の状況は、戦後日本社会における農協の位置づけの変化を表すと同時に、今後の農協の進むべき道を示すことにもなると考えるからである。

第２節　「制度としての農協」の成立と展開

戦後農協を「制度としての農協」と表現したのは、太田原高昭氏であるが、この概念は戦後農協が抱える矛盾を端的に表現する的を射たものであった。すなわち、通常よく使われるのは「農協制度」という言葉であるが、これは農協が農協法にもとづいて社会的な仕組みとして位置付けられていることを示すに過ぎず、そこには何の矛盾も含まない。しかし、「制度としての農協」という概念には、本来、自主自立を旨とする協同組合であるはずの農協が制度として存在していることそのものの矛盾をあぶり出している。この点で、制度そのものを指している「農協制度」と、制度そのものの矛盾を問題として提起する「制度としての農協」という表現とは、概念として異なっているのである。本章で後者の表現を用いる理由もここにある。

それでは、「制度としての農協」はどのように成立したのだろうか。戦後農協の発足は、1947年に戦後新たに農協法が制定されてからである。同法成立後、1948～49年にかけて一斉に農協が設立され、1949年1月15日時点で15,341の出資組合（総合農協）に達している。この状況を満川元親氏は、「農業会が法定解散するまでには、全国の全市町村に出資単協がほとんど設立されたという状況であった」(注1)、同様に太田原高昭氏は、1950年3月までに設立された出資組合の89％が1948年2月までに設立されていると指摘している(注2)。このように、農協法制定からわずか2年ほどでほとんどの農協が設立されたのは、戦前の農業会の遺産を引き継いだからである。満川氏によれば、市町村農協、都道府県連合会、全国連合会それぞれの団体が戦後農業会の資産（不良資産を含む）と職員のほとんどを引き継いだことが戦後農協の速やかな設立につながったが、同時に「農業会の看板の塗り替え」との批判を招くことにつながった(注3)。

農業会は、戦時体制において農業・農村を掌握するための組織として産業組合と農会等の農業団体を1943年統合してできた組織であった。

ついで、戦後農協の成立・展開を簡単に整理してみよう。

まずは1947～50年における新生農協の成立期である。戦後の農協に関しては「農業会の看板の塗り替え」との批判もあるが、農地改革後を経て寄生地主制が解体されていること、戦後自作農が組織基盤となっていること、役職員の構成においてもこの点の変化が明白であることなどから農業会とは性格を異にしていると捉えることができよう。特に北海道においては、十勝、上川、北見などの北海道内における後発地域において戦前における不在地主層や商人などの非農家資本ではなく、力を付けてきた中農層がドラスティックに主導権を取る形で農協が設立された地域も多くみられている。

そうして設立された農協であるが1950年を転機として、まがりなりにも自主的組織から「制度としての農協」へ転換していくことになる。発足直後の農協は経営難に陥り、1950年に農協経営健全化のため財務処理基準令が設けられ、51年に再建整備法、53年に連合会の整備促進法が制定され、農協は政府の支援のもと経営再建に取り組むことになった。つまり再建整備を契機として新生農協は「制度としての農協」に移行したのである。

そして1958年頃が「制度としての農協」の確立期であり、農協の圧力団体的性格が明確となる時期である（注４）。米価交渉にたいする圧力団体としての役割を果たしながら、まさに統合主義を具体化する形で農協が制度としての役割を果たしていった「黄金期」ということができよう。

しかしその後1970年代に入ると徐々に状況が変化してくることになる。その大きなきっかけは減反政策の開始である。太田原（2004）は1970年から1985年までを低成長期と位置づけて、そこでの制度としての農協の役割について整理をしている。太田原は減反初年度における農協組織の対応によって「農村現場における農協の組織力、調整能力が行政から注目され、この期の「総合農政」「地域農政」において農協機能の「活用」が意図されるようになった」点に注目している（注５）。

そうして「制度としての農協」の役割を自らも積極的に担う形で農業政策の実現とそれによる日本農業の展開に大きくかかわってきた農協であるが、1986年に「制度としての農協」が転換期をむかえる。減反政策の強化や経済構造調整による内需拡大の圧力、農産物の内外価格差が批判をされるようになり、そうした矛盾を生み出す元凶として農協が批判されるようになったのである。

その後もガットUR、新自由主義的政策による旧秩序の転換のもとで農協に対する批判も高まっていくのである。

第３節 「制度としての農協」の終焉

１．「終焉」までの概観

梶井功は1986年を「農協批判元年」とよんでいるが、農協批判はその後も継続し、いよいよ「制度としての農協」が政策的に終焉していくことになるのが1990年代である。その具体的契機は３点ある。「制度としての農協」の根幹は、①食管事業方式、②行政による農協の支配と相互依存関係、③農協の圧力団体的性格にある。そうした根幹を支えてきたものが90年代になって相次いで変化したのである。１点目に関しては1994年に制定された食糧法への移行である。食管事業方式が変更されたことで、米事業・米価闘争による政府との結びつきが大きく変化したのである。

２点目に関しては、新農業基本法においてそれまで農業政策の担い手として政策的に明記されてきた農協の役割が低下したことである。食糧法への移行により、農協の圧力団体的性格も弱まったことで「制度としての農協」はその政策的裏付けを失う形で終焉したのである。

その後の民主党政権の成立までの時期である1995～2009年は「“擬似”制度としての農協」、いわばフィクションとして「制度としての農協」が存続したようにみえていた時期といえよう。そして民主党から自民党政権に戻った2009年から現在までは「“擬似”制度としての農協」終焉といえ、自民党政権の復活から農協攻撃＝解体化が本格化しているのである。

以下、各時期について詳しくみていこう。

２．「制度としての農協」の終焉とフィクションへの移行

（１）「制度としての農協」の終焉

1979年の英サッチャー政権と1981年の米レーガン政権の誕生は、先進資本主義国における経済政策の新自由主義的政策への転換を主導し、中曽根政権（1982年）もこれに追随した。時代はまさに、資本が国境を越えて大規模に移動し始めようとしている時期であり、1986年に始まるガット･ウルグアイ･ラウンド（以下、UR）もこうした流れの中に位置付けることができる。URにおいて農業保護政策の撤廃、すべての農産物の関税化、関税率の低下を突きつけられたのも、市場原理の導入を支柱とする新自由主義的政策を体現したものであった。

URが長引くなか、1990年代に入ると日本でも着々と新自由主義的農政への転換が準備されていった。1992年には「新しい食料・農業・農村政策の方向（新政策）」が発表され、米の管理については市場原理、競争原理を一層導入する方向が明確に示された。1994年にUR農業合意に達すると、翌年に

は農政審議会の報告書（「新たな国際環境に対応した農政の展開方向」）が発表され、UR農業合意を前提とした今後の農政の方向性が示された。この中で、米の流通と価格形成については、新政策で明記された「一層の市場原理の導入」と「自主流通米のような民間流通の良さを活かして流通する米を基本とする」ことに改めて触れたうえで、米流通について次のように述べている。

「ア　流通規制については、主食である米の安定供給の確保のために必要とされるものであるとの基本的考えの下に、その内容は、米をめぐる社会的・経済的実態の変化に即して必要最小限のものに改め、生産者の意欲ある経営の展開、流通段階への新規参入等による競争原理の導入、消費者の多様なニーズへの対応等の要請に的確に応え得るものとしていくことを通じて、不正規流通が解消されるようにすることが必要である。

イ　このため、消費者の必要とする米については、生産者から集荷・販売過程を通じて消費者までの安定的な流通を確保することを基本としつつ、（ア）生産段階においては、生産者の創意工夫が発揮されるよう、販売の多様化を行うこと、（イ）集荷・販売段階においては、その活性化、消費者の選択機会の増進が図られるよう、現行の規制の見直しを行うこと、が必要である。」

この引用文で明らかなように、生産者による販売や集荷・販売における参入を自由化する方向が示されており、食管法を廃止して新たに米流通に関わる法律を制定しようとしていることは明らかであった。こうして、同年11月、食管法は廃止され新たに食糧法が制定されることになった。

食管法の廃止は、政府による価格政策が廃止され、米の集荷・流通にも競争原理が持ち込まれることを意味していた。したがって、米の集荷業者として独占的な地位、政府との交渉で決まる安定的な生産者米価、米販売代金が農協の貯金口座を通じて支払われる資金循環の仕組みが失われ、「制度としての農協」を成り立たせていた経済的基盤が崩壊することを意味した。こうして農協法（法制度）と食管法（経済的基盤）によって成り立っていた「制度としての農協」は、食管法の廃止によりその経済的実体を失うことで終焉したのである。

（2）フィクションとしての「制度としての農協」

食管法が廃止され経済的裏付けを失ったことで「制度としての農協」は終焉したのであり、本来であればこの段階で農協は自立的な道を模索すべきであった。しかし、その後においても農協、農水省、自民党いずれにおいても従来と同じように「制度としての農協」が継続しているかのような関係が継続することになった。しかし、食管法という経済的基盤を失った「制度としての農協」には、もはや政府との間に明確な経済的関係は存在せず、三者の関係はもはや実態をともなわないフィクション（虚構）でしかなかった。ところが、フィクションに過ぎないにも関わらず、この関係はその後しばらく継続することになった（以下では、これを「“擬似”制度としての農協」と呼ぶ)。自民党にとっては、この時点で集票マシンである農協を手放すことは何らメリットはなく、フィクションであれこれを維持しようとするのは当然であった。農水省にとっても、食糧法へ移行したとはいえ生産調整は継続しており、これを遂行するうえで農協の協力は不可欠であり、従来通りの関係を維持しようとするのも理解できる。

しかし、米の需給も市場原理に投げ出され、政府から見放された恰好になっている農協が、なぜ依然としてフィクションに過ぎない関係に依存し続けることになったのか。その理由は、農協には２つ視点が欠けていたからである。１つは、リベラルな発想の欠如である。「制度としての農協」のもとで農協の体質に深く根付いた保守的風土は、組合員にも深く浸透しており今さらながら自民党との関係を見直すことを許さない雰囲気が根強く存在していたといえる。この体質は、その後、2009年民主党政権が誕生した選挙においても、農協は自民党を支援していたことに如実に表れた。第２に、時代感覚の欠如である。すでに見た通り、食管法が廃止されたのは市場原理にもとづく新自由主義的政策の流れを受けてのものであった。したがって、政権与党を支持していれば農業保護的政策を実行してくれるような状況にないことは明らかであった。にもかかわらず、政権与党である自民党との関係だけにこだわり続けたのは、この期に及んでも農協に有利な政策を展開してくれるに違いないとの淡い期待（この段階ではもはや時代錯誤と言わざるを得ないが）を抱いていたとしか考えられない。

それにしても、どのような経緯で「制度としての農協」は「"擬似" 制度としての農協」へ移行することになったのか。これには、バブル経済崩壊後に発生した「住専問題」が農協にもたらした影響について検討する必要がある。この点について、項を改めて見ていこう。

（３）住専問題の衝撃と「"擬似" 制度としての農協」への移行

1980年代後半のバブル経済は、株価と地価に代表される「ストック・インフレ」であった。地価の上昇は、不動産業界を活気づかせ「地上げ」と言われる居住者の強制退去や「土地転がし」という転売による地価のつり上げが横行した。この不動産業界に資金を提供していたのが住宅金融専門会社（住専）であり、住専へ多くの資金を貸し付けていたのが農協であった。1990年代に入り、バブルがはじけるとこれらの貸付金が回収不能な債権に転化することになった。こうして生じたのが住専問題であった。これについて、太田原高昭氏は次のように解説している。

「バブル経済がはじけてしばらく経った1995年、世の中の目と耳は住専問題に奪われていた。住専とは住宅専門貸付会社（ママ）の略称で、住宅ローン専門の貸付業者のことである。誕生したのは1970年代で、これがバブル経済に乗って急成長し、この年の住専７社の総融資残高は11兆4,000億円に達していた。

その74％にあたる８兆4,000億円が不良債権となり、その処理のために

6,850億円の公的資金を投入するという閣議決定が騒動の始まりである。国会はこの問題を巡って紛糾し、テレビも新聞も連日大々的に報道した。問題はこの資金投入が、住専への債権者の一角をなす農協を救うためのものだと宣伝されたことである。

たしかに住専7社の債務総額12兆6,241億円のうち、農協資金（農林中金、信連、共済連）の合計は5兆5,997億円で全体の44%を占めていた。残りは銀行と保険会社であるが、銀行融資のほとんどは住専を設立した『母体行』のものだった。この母体行が口をそろえて『農協の責任』を語り、マスコミがそれに乗って農協批判に追い打ちをかけた。」(注6)

農協にとっては不運だったともいえるが、最終的に住専問題は、農協側による「譲歩」と6,800億円の財政資金投入によって幕を閉じた(注7)。しかし、住専問題が残した傷は、農協にとって２重の意味で大きな影響を与え、「"擬似" 制度としての農協」への移行の起点となった。それは第１に、農協事業の柱であった信用事業を直撃したことにより、食管法廃止にともなう米販売事業への影響とあわせて農協経営の根幹を揺るがしたことである。総合農協の事業総利益は住専問題の影響で大きく低下し、なかでも信用事業の事業総利益は1995年から2000年にかけて減少しており、住専問題以降の農協経営にとっても転機となった。

第２に、こうした経営基盤の弱体化がこの後に続く農協改革を農水省主導で進めることを許し、良くも悪くも相互依存関係にあった政府と農協の関係を完全に政府優位の力関係に変質させたことである。その起点となったのが、1996年６月の金融３法（金融機関等の経営の健全性確保のための関係法律の整備に関する法律、金融機関の更生手続の特例等に関する法律、預金保険法の一部を改正する法律）の公布である。これを通じて農協信用事業が金融監督官庁である大蔵省の管理下に置かれることになった。とりわけ、健全化法は、自己資本比率を基準とする早期是正措置を導入すべく農協法および農林中央金庫法の一部改正を迫るものであった。これを受けて、同年６月には農協改革２法が成立し、それまで民法準用型から商法準用型に変わり、理事会と代表理事の制度の明文化、理事の責任の明確化、組合員代表への組合員代表訴訟などの制度が明記、明確化された。これは、責任の所在が曖昧なままに住専へと突き進んだ農協に対するガバナンス体制を強化するという狙いのものであった。

こうして、農水省と金融監督官庁による二重の管理下に置かれ、力学的には完全に行政に劣る「“擬似”制度としての農協」が成立したのである。

３．農協解体攻撃と「“擬似”制度としての農協」の終焉

（１）「“擬似”制度としての農協」下における農協攻撃

こうした力学的に行政に劣る農協について、これまでの行政と農協との関係のあり方について問い直す必要性が生じてきた。そこで農水省に設置されたのが「農協のあり方についての研究会」であった。2002年から2003年にかけて一連の研究会が開催されてその成果が「農協改革の基本方向」としてだされたが、その特徴はこれまでの農協改革が主として信用事業を対象としてきたのに対して、ここでは経済事業が対象となっている点である。そしてそれは具体的には全農批判へと展開した。

信用事業については、JAバンク法（「農林中央金庫及び特定農水産業協同組合等による信用事業の再編及び強化に関する法律」）が制定されて、2001年にはJAバンクシステムとして、農協・信連・農林中金を一体的に運営する体制が整備された。

この「あり方研究会」において現在の農協攻撃の論点はほぼ出尽している。改革の理念として報告書では「協同組織であるが、民間の経済主体として経済社会の中で一般企業と競争していることを自覚」（報告書p.4、以下同じ）することが必要としている。販売事業においては単協レベルでは独自販売の拡大を図り、全農は代金決済・需給情報提供などの機能に特化すべきであるとしている。購買事業については単協レベルでは「全農と商系業者を比較し、有利な方から仕入れるといった手法も取り入れるなど」（p.9）といい、全農

は「JAに対して全農からの仕入を強制すれば、独禁法違反……となる」(p.9) という点をわざわざ明記している。

しかし、ここでの焦点は全農＝経済事業改革にあり、全中については「中央会のリーダーシップ」を強調している点が現在の農協（全中）攻撃と大きく異なる点である。報告書では「経済事業の改革を進めるに当たっては、全中が強力なリーダーシップを発揮すべきである」(p.12) として全中による指導・支援を強調している。

また、現在問題となっている監査制度についても、コンプライアンス・システムの検討を「全中監査機構を中心に」(p.13) 行うことを提言している。

（2）農協解体攻撃の本格化と農協法改正

さて、あり方研究会でだされた論点に対しては、農協系統としても「経済事業改革」および系統二段階化の推進という形で、ある意味で論点を取り込む形で対応していった。その後、政権交代の時期には民主党政権は「戸別所得補償」や農協外しによる農政の展開を意図してきたが、現実的に農協の「"擬似"制度」としての役割は継続された。そうした時期を経て政権に返り咲いた自民党政権下で待っていたのが、今回の農協法改正による制度としての農協の終焉のみならず、協同組合としての本質規定にも変更を迫る法改正である。

あり方研究会によって提起された論点及び問題意識の多くが継承される形で今回の法改正もなされたとみることができるが、大きな違いはその改革における中央会のリーダーシップを「農協」の自主性をしばるしがらみと捉える視点である。そこには系統農協というしくみ自体をも解体しようという狙いがある。

1）中央会制度から新たな制度への移行

今回の法改正を象徴する中央会の改革についてみてみよう。規制改革会議の「第二次答申」で示された政府・財界からの農協批判は次のような論理からなっている。①中央会制度は、昭和29年に危機的状態に陥った農協経営を再建するために導入された「強力な指導権限をもった特別の制度」である。②「単協が地域の多様な実情に即して主役となって独自性を発揮」するため「中央会が単協の自由な経営を制約しないようその在り方を抜本的に見直」さなければならない。③以上の結果、中央会制度は「自律的な新たな制度に移行する」、「新たな制度」は「単協の自立を前提としたもの」とする。というものである。

２）全農等の事業・組織の見直し

ついで、系統組織自体のあり方を解体する可能性のあるものとして、全農および経済連を株式会社化できるという「できる」規定である。このほかに農協が生協に転換できるという規定など、農協系統組織の根幹にかかわるような多種多様な「できる」規定が盛り込まれている。こうした協同組合から株式会社への転換などによって経済界との連携を対等の組織体制のもとで行えるようにするというものがその理由として挙げられている。そうしたなかで、最も大きな論点になる独占禁止法の適用除外との関係については、除外されなくなることによる問題の有無の検討を検討し、問題がなければ株式会社化を推進するとしている。

甲斐武至氏による系統農協の事業方式の整理と今日の局面としては、「食管事業方式」については食管制度から食糧法への移行により終焉、「護送船団方式」については金融ビッグバンとJAバンク化により終焉したとして、今問われているのは「整促事業方式」にあるとしている。

３）単協の活性化・健全化の推進

第二次答申の中で単協に求めているものは何であろうか。それは次の点である。一つ目は単協は農産物販売等の経済事業に全力投球し、農業者の戦略的な支援を強化すべきということ、二つ目は単協が行う信用事業を農林中金または信連に譲渡すべき、三つ目は共済事業は全共連による事務負担軽減方式を活用する、四点目は経済界との適切な連携、五点目は買取販売の数値目標の設定と段階的拡大、六点目として生産資材の最も有利なところからの調達である。

4）理事会の見直し

答申には理事会についても農業所得の向上に貢献できるような農協になるために、理事の多様性確保が重要だと指摘している。答申がいう「理事の多様性確保」とは、①正組合員以外からの理事の選任、②理事の過半を認定農業者および農産物販売や経営のプロとする、③若い世代や女性の登用、である。

「正組合員以外」とは答申では、「製造業、流通業の生産管理、購買管理、グローバル担当、営業、知財管理、経営管理等の役員経験者で地域になじみや所縁のある者を積極的に登用」と具体的なイメージを羅列しており、大企業出身者で地域の縁者（地元出身者など）を積極的に登用することを想定しているようである。

そうしたイメージ自体には農協にとっても積極的な側面もあることは想定されるが、同時に地域に根ざす協同組合としての性格が骨抜きにされる可能性も大きい。

「農産物販売や経営のプロ」とは外食産業や食品小売業系の販売担当者や農業生産法人の関係者などをイメージしているようである。その場合、農協の性格が大きく変貌する可能性も考えられる。農業所得の向上のみを追求し、組合員の利用を前提とした農協との姿との乖離も危惧される。

5）組織形態、組合員、「イコールフッティング」

農協の組織形態、組合員について、答申の指摘は「組織形態の弾力化」として「単協・連合会組織の分割・再編や株式会社化」、「生協、社会医療法人、社団法人等への転換」を可能とする、農林中金・信連・全共連については、農協出資の株式会社への転換を可能とする方向で検討するという「できる」規定が盛り込まれた。

「組合員の在り方」については、「正組合員の事業利用との関係で一定のルールを導入」するとして、准組合員利用規制という大きな論点が投げかけられている。

「他団体とのイコールフッティング」については「農林水産省は、農協と地域に存在する他の農業者団体を対等に扱うとともに、農協を安易に行政のツールとして使わないことを徹底し、行政代行を依頼するときは、公正なルールを明示し、相当の手数料を支払って行うものとする」という内容となっている。これについて「総合農協バラバラ殺人事件」[注8]であり「制度としての農協」の終焉宣告という見方がなされている。

このように内容的には『あり方研究会』の報告書の内容の多くを取り込んでいるようでありながら、その内実としてはより農協系統組織そのものの解体を意図するような内容となっていた。その後、こうした答申を受けて全中は「全中自己改革案」(2014年11月６日）を示すが、2014年12月の選挙を経て最終的には萬歳会長の辞任で全中の「全面的敗北」が決定的になり、農協法改正案が通過し2016年４月から法律が施行されることになったのである。

第４節 「“擬似”制度としての農協」終焉下における農協の方向

本節では、今回の農協法改正をうけて、農協系統としての対応をみるために2015年10月に開催された第27回全国農協大会の大会議案の分析を行う。

１．大会議案の概要

今回の大会議案には、農協事業における２つの柱として、①「農業者の所得拡大」「農業生産の拡大」、②「地域の活性化」があげられている。①は農協法改正におもねるものであり、②は「准組合員外し」への対抗を意識したものとみることができよう。

こうした内容について日本経済新聞は社説で「農業者の所得拡大を最重点分野としたことは評価できる」が、「地域社会への貢献を訴え、准組合員を金融業務の顧客として取り込む現状を認めてもらいたいとの本音も見える」(「日本経済新聞」社説（2015年７月10日)）と皮肉ったが、農協側としては当然の主張であり、これまでの大会議案との整合性との観点からも何らおかしいものではない。

具体的な組織改革案としては「V．連合会・中央会によるJAの支援・補完機能の強化」という項目の中で、連合会・中央会における「県域担い手サポートセンター」をかかげている。信用事業においては「JAが営農経済事業に全力投球できる環境整備」として代理店モデルを意識した文言がみられる。これは信用事業分離の準備ともみえる。共済事業については「組合員(契約者）対応を強化」を強調として、これまで批判も多かった一斉推進が無くなる可能性もある。

中央会については、「Ⅶ．JAグループの結集軸としての『新たな中央会』の構築」という項目の中で「中央会は、設立以来、会員の期待に応え、JAグループのとりまとめ役としての役割発揮に努めてきましたが、今後も様々な環境変化に対応していくことが必要」と現状を認識し、「農協法の改正により、法律上の中央会制度は廃止され、県中央会は連合会（非出資）に、全国中央会は一般社団法人に組織形態を変更することをふまえ、地域・事業の枠を超えて連帯する農業協同組合運動の結集軸としての中央会を、新たに、JAグループの総意をもって構築します。」(p.110）と提案し、平成29年度を目途に「新たな監査法人」を設立するとしている。

２．今大会議案の特徴

今大会議案の特徴を前回の大会との比較でみてみよう。第26回大会では、「事業伸長型経営への転換」「支店重視」「総合性の発揮」を打ち出していた。

「農業・農協問題研究所」による第26回大会議案書分析では、次のように指摘している。

「これまでとはかなりトーンを異にする議案だといえる。これまでは端的に言って、農協経営の悪化、財界の農業攻撃、それを受けた農政の『農協改革』の指令の下で、広域合併、支所統廃合、残置支所の金融支店化、事業縦割り制の強化、とくに生活事業等の廃止、外部化等の強行が盛り込まれてきた。

しかるに本大会議案は、『人件費を主体としたコスト削減によるリストラ型経営は限界レベルにあり、事業伸長型経営への転換をめざ』すとしている。そして『広域合併のもと支店統廃合をすすめているが、小規模支店から基幹支店まで地域実態に応じて支店は多様です。多様化する組合員とJAとのつながりをより深めるため、改めて組合員・地域の身近な拠点としての機能をそなえる支店を核にして、多様な世代の多様な組合員や農業・地域の課題に向き合います』としている。また「事業部門毎に戦略・目標・商品などの縦割り化がすすみ、組合員にとってのJAの強みである総合事業性が見えづらくなっています』と総合性発揮をうたっている。これらはひとまずは大きな『転換』だといえる。」

大きな転換とされたこうした決議は、第27回大会議案では、「事業伸長型経営」は「農業者の所得拡大」にかき消され、「支店重視」は忘れ去られており、議案の「第26回大会決議の成果と課題」にも見当たらないという状況である。「総合性の発揮」だけは「地域の活性化」との絡みで改めて強調しているが、「地域の活性化」を謳うのであれば支店の位置づけと役割を明確にすべきではないか。

もう一つの特徴は「監査制度は妥協したが、准組合員制度は守る」という姿勢が前面に出ている点である。大会議案資料には組合員の年齢構成のグラフが示されているが、これを見ると、正組合員は70歳以上の「第１世代」が46％を占めるが、准組合員は「第２世代」「第３世代」が多い。

正組合員は世代交代が目前、准組合員は相対的安定という構図がみてとれるが、ただし、出資金では正組合員が80％を占めており、「事業の利用者」は准組合員、「出資金」を支えるのは正組合員という構図も明確となっている。

三点目の特徴は新たな中央会の役割が見えない中、信用・共済事業分離に向けての準備とも見受けられる改革案となっている点にも注意が必要であろう。

第５節　「制度としての農協」からの転換

以上から得られる結論として、農協はもはや「制度としての農協」でもなければ「“擬似”制度としての農協」でもない。したがって、圧力団体としての組織力も失せ、政府にとっても１つの企業に過ぎなくなったことを意味する。

しかし、これは悲観すべきことではない。見方を変えれば、協同組合として本来あるべき姿に立ち戻ったということでもある。とすれば、農協としては、これからどのような道を歩むべきかを考えるべきときである。

政府が促す道は株式会社への道である。しかし、農協の農協たるゆえんは、地域に密着し組合員の最も身近な協同組合として存在してきたからである。株式会社への道を歩むことは、他企業との同質化をもたらすことにはなっても、「農協らしさ」を生かすことにはならないだろう。

だとすれば、これからの農協の進むべき道は、協同組合としての本道を進むことである。そのためには、単協では何より組合員に寄り添い、組合員の求める事業を展開することであり、連合会ではこれらを真の意味で補完し、政治的リベラリズムにもとづき政治的圧力に屈しない組織へと脱皮することが求められている。これまでの歴史を振り返る限り、より一層の単協の広域合併の推進は、この方向に逆行することになりかねない。

【注】

（注１）満川著（1974）p.131より。
（注２）太田原（2007）p.24より
（注３）満川前掲書p.132より。
（注４）石田（1959）を参照のこと。
（注５）太田原（2004）p.47より。
（注６）太田原高昭「住専問題とは何だったか」（「農業協同組合新聞（電子版）」http://www.jacom.or.jp/series/cat175/2014/cat175140620-24618.php）より一部引用。

（注７）山本（1996）を参照のこと。
（注８）農文協編（2014）における田代洋一氏の論考を参照。

【参考引用文献】

石田雄（1959）「農業協同組合の組織論的考察―わが国圧力団体の特質究明のために―」『社會科學研究』東京大学社会科学研究所紀要（東京大学社会科学研究所編）、第10巻第４号、1-66
太田原高昭（2004）「低成長期における農業協同組合―「制度としての農協」の盛衰―」『北海学園大学経済論集』北海学園大学、第52巻第２・３合併号、45-69
太田原高昭（2007）「農業協同組合の誕生」『北海学園大学経済論集』北海学園大学、第55巻第１号、13-31
農文協編（2014）『農文協ブックレット規制改革会議の「農業改革」20氏の意見（農文協ブックレット11）』農文協
満川元親著（1974）『戦後農業団体発展史』明文書房
山本孝則（1996）『不良資産大国の崩壊と再生―大地からの日本再建プロジェクト―』日本経済評論社

第3章 北海道における農協事業・経営の現段階

小林　国之

第1節　本章の課題

北海道における農協は坂下（1991）が指摘したような「開発型農協」としての性格を有してきた。農業融資を起点として、地域農業のシステム化・装置化にともなう投資、農業の近代化を農協が担い手として進めてきたのである。農業政策の実行部隊として、農業の近代化をすすめ、基本法農政の優等生と呼ばれる大規模専業農家群を作り上げてきた農協に対して、資本が畜産農家を飼料および技術提供を梃子として系列化する現象になぞらえて農協インテグレーションという指摘もされてきた。

専業農家群に支えられた農協は、信用、共済事業はもちろん経済事業も事業部門として大きな位置を占めており、今回の農協改革で目的としているような農業所得の向上に、これまでもすでに直接的に貢献する事業を展開してきた。

農協は、農業金融による地域農業の構造再編（大規模化、専業化）を推進し、変化していく農業構造に対して営農指導、販売、購買事業によって農家の支援をすることで、総合事業方式の特徴を最大限に発揮しながら地域農業を発展させてきたのである。

規模拡大は一面では離農農家の存在を意味していた。北海道での離農は離村という形で発現し、農村人口の減少を伴ってきた。それが、農協の組織基盤を府県とは異なるものとしてきた。

一方農協系統組織としては、経済規模の大きさにも規定されて農協合併はあまり進まず、現時点では全国の1/7の数の農協が北海道に存在するという状況となった。しかし農協合併もある程度は進展し、市町村を越えた範囲での大規模広域合併と、町村を範囲とする農協が並立しているというのが現在の北海道である。

現在JAグループ北海道として合併については、1994年に組織決定した37農協合併構想に基づいて推進する、という立場とはなっていない。財務基盤の状況に応じて、財務が小規模で不安定なところについては、経営改善方策の重要な選択肢として合併があるという考え方の整理を行っている。合併構想が実現されてはいないがすでに多くの農協において合併構想で目標とされた財務基盤の強化が図られていることがその理由である。第28回北海道農協大会において制定された第７次北海道JA合併推進方策においては、JAグループ北海道が改革プランにおいて示した農協のより高度な機能の発揮を目標として、それを実現するために組織・経営基盤の構築をおこなうことを目的としている。そしてその達成方法として合併のみならずJA間の事業連携等の取り組みも合わせて推進するということになっている。

本章では、次章以降に展開する北海道の農協の具体的な分析の前提として、上述のような歴史的・地域的な特質をもつ北海道の農協の事業・経営構造の現局面を統計により描き出すことを目的とする。

第２節　北海道における農協組織の変遷

北海道の農協系統組織再編として重要なのが、農協合併および系統組織再編への対応である。農協系統組織は、1988年第18回全国農協大会において、「21世紀を展望する農協の基本戦略」を策定し、その中で系統三段階制の見直しによる組織二段階と、その基盤としての農協合併の推進として1,000農協合併構想を打ち出し、1992年度末までに県段階で実行方策をとりまとめることとなった。1986年の前川リポート以降に強まってきた農業・農協批判にも答える形での自主改革の方策であった。

北海道は、1990年に全道76農協合併構想を打ち出し合併については推進する意向を示したが、系統二段階制については全国に先駆けて1991年の第20回北海道農協大会において「道内事業２段階制」を打ち出した。

全国的な連合会の統合は、2000年４月の東京・山口・徳島の３経済連の全農への統合を皮切りとして、2001年には21の経済連が相次いで全農に統合された。現時点で経済連を存置しているのは全国で８となっている。

北海道においては、共済連は全共連に統合されたが、それ以外の連合会については存置された。連合会、特にホクレンは道内２段階制となったことで、より直接的なメリットを会員農協へ還元することを求められる存在となった。藤田・黒河（2011）に整理されているが、ホクレンは全農から肥料工場の移管を受け、またあらたに石狩野菜センターを建設するなど、経済連としての独自機能の発揮を行ってきた。

経済連の独自機能の発揮は、他の存置された経済連にも同様にみられている。とくに府県においては、農協の大型が進み、品目によっては経済連と肩を並べるような単協も出て来ている。そうしたなかで、経済連の存在意義をつねに探し求めながら事業を行っているというのが現段階である[注１]。

さて、農協合併についてはどうであろうか。北海道の農協合併構想は、その後1994年の第21回JA北海道大会において37農協合併構想がだされ現在に引き継がれている。76農協構想が出された1988年には全道256農協が存在したが、その後徐々に合併が進んだ。現在（2015年４月）は全道108JAとなっているが、そのうち37農協合併構想を実現した農協、またはそれに準ずる合併農協は現時点で18農協となっている。合併構想にそった形での農協合併は、2003年の北ひびき農協が最後であり、北海道における農協合併は一段落の様相を呈している。このように、北海道においては大規模合併農協と市町村単位を範囲とした農協が並立している状況となっている。

第3節　事業・財務構造

1．北海道の農協の性格

「開発型農協」と呼ばれる北海道の農協事業構造の特徴は、総合事業の強みを生かした事業展開を行ってきた点である。営農指導事業を核として、信用、共済、販売、購買事業が連動しながら農協事業が展開してきたのである。

教科書的になるが農協経営について簡単に整理をしてみよう。農協は組合員の自主的な組織である。原理的に考えると、組合の設立趣旨に賛同した農家が、それぞれ資金を持ち寄って出資金を募り組合を設立する。そうして集められた出資金が自己資本（組合員資本）となり、それを元に信用事業として貯金および外部からの借入れを行いながら、農協は総合事業を展開することになる。自己資本が十分ではない設立初期の頃には、農協は運用資金として信用事業（貯金）によって集められた資金について、内部運用しながら農協経営を成立させてきた。

北海道の農協も同様であるが、そこに国による各種の農業近代化政策とその梃子としての資金が注入される形で農協の信用事業が展開した。農協を経由する資金のみではなく、農林金融公庫による受託資金も地域農業の大規模化、近代化に重要な役割を果たした。

農協は、こうした資金による規模拡大を営農指導、資材購買等の面からサポートし、そして生産物を農協の施設を利用して集出荷して、一部は加工もしながら販売するという「地域農業のシステム化」を成し遂げてきたのである[（注2）]。

このように国策による農業開発政策の担い手としての性格を強く有してきたのが北海道の農協であるが、それは国からの一方的な実行機関ではなかった。農協自らが地域農業の将来ビジョンを描いた上で、政策をうまく利用しながら地域農業の再編を行ってきたというもう一方の側面にも注目しなければならない。

さて、こうした農業政策に強く規定された農協であったが故に、その経営・財務の構造も、農業政策の地域性に規定されて異なった性格を有してきた。それは坂下前掲書が整理しているように重厚な米価政策と転作政策に支えられた水田地帯の「余裕金運用型」、主に畑作地帯にみられ北海道の一般的な姿であった制度資金による融資と、信連への預金運用という「すれ違い金融型」、そして地域の資金的蓄積が乏しい中で大規模な開発投資によって展開した酪農地帯の「借金組合型」という地域性を有していた。

しかしこうした地域性は坂下・朴他（2001）で指摘されているように90年代にはすでにうすれており、農協の資金調達における借入金依存の低下、運用における預金の増加という傾向が全般的には見られた。以下では、1995年から2014年までの数値を用いてその間の北海道の農協の動向を事業・財務の視点から整理してみよう。

２．統計からみた全道の農協の推移

まずは全道の動向を北海道農協中央会の資料を中心として整理しよう。この間、前述のように農協合併は進み1995年237あった農協は、2014年には109まで減少している。１農協あたりの平均値では、合併の進捗状況が異なるため数値が実態と乖離する可能性があることから、ここでは全道合計の数値をみてみたい。この数値は北海道の農協全体としてのパフォーマンスを表している。以下では、事業の動向を整理したうえで、事業成果をうけた財務（貸借対照表）の変化をみるという手順を辿る。

主要な事業ボリュームの変化について、まずは事業総利益の推移を見てみよう。事業総利益とは、事業直接収益から事業直接費用を差し引いた数値である。**図１**から事業総利益の推移をみると、全体としては稼ぎ頭であった信用・購買事業は減少している。一方、共済、販売事業は横這いを維持している。農協全体としては徐々に減少しながらも2010年頃からは横這いとなっている。共済事業においては賦課金収入の減少という全国的な動向と同様の傾向であり、北海道においても他の保険・共済事業体との競争関係が厳しくな

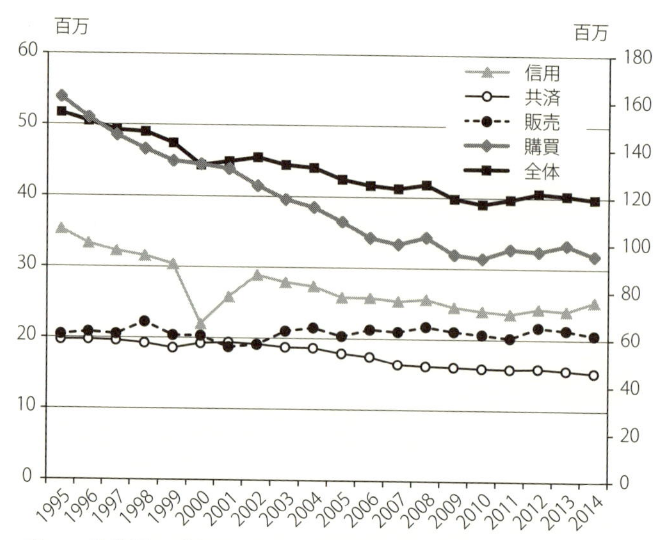

図１　北海道の農協における事業総利益の推移（単位：百万円）

資料：北海道農協中央会資料より作成。
注：事業全体は右軸

ってきていることがわかる。

単協の信用事業の収益は信連の事業動向に左右されている。信連は過去10年ほど収益が悪化し、自己資本の増強に努めるなど単協への奨励金が減少してきたが、最近は事業が好転しているため、農協全体の事業総利益も改善傾向が見られている。

全体としてみると、事業収益全体が減少していく中で、事業の効率化によって直接費用を節減しながら2010年以降は事業総利益を維持しているという状況にある。

一方、この間に北海道の農協経営全体に大きな影響を与える出来事が起きている。それは1997年の新琴似農協および2001年の釧路市農協の経営破綻である。全道合計の数値でみても、事業利益、当期未処分剰余金の額を大きくマイナスにさせるほどの影響を持ったが、その時期を乗り越えて農協経営としては安定的な経営を行ってきている。

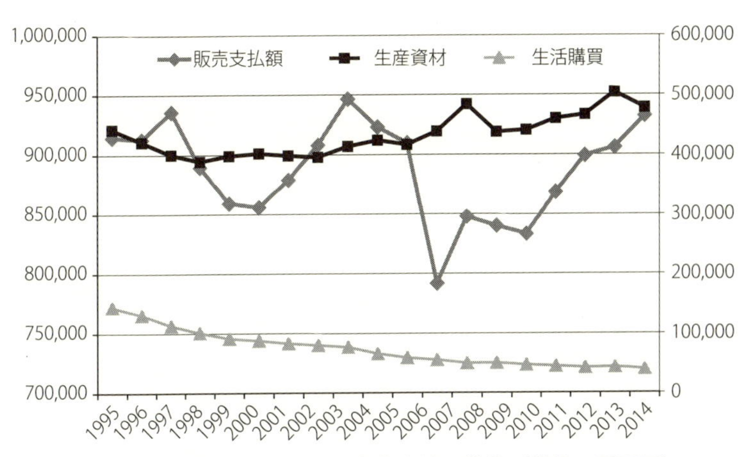

図２　北海道の農協における経済事業実績の推移（単位：百万円）

資料：北海道農協中央会資料より作成。
注：１）数値は全道農協の合計値である。
　　２）販売支払額は左軸、それ以外は右軸。

さて、つぎに販売支払額と購買供給高の推移を見てみよう（**図２**）。販売事業、及び生産資材購買ともにこの間の農業情勢の変化の中で健闘しているといえるであろう。数値の制約から2007年以降の販売事業の取扱高は生乳の補給金や経営所得安定基金が除かれた数値になっているため金額が減少しているが、それを考慮しても北海道の農協の経済事業規模は維持されているといえよう。農業政策が直接所得補償へ移行したが、農協の収益基盤の安定確保のために、手数料について定率から定額への移行を中央会としても指導してきた結果、あまり影響は見られていない。対照的に、生活購買事業供給高の減少が著しいが、これは生活購買事業の赤字に伴って、多くの農協で別会社化や業務委託化した結果である。

これまでみたフローである事業損益の結果が、ストックとして農協財務にはどのように現れているだろうか。それらを示したのが**表１**である。資産（負債＋純資産）の合計値の推移を見ると、この間約１兆円の資産額の増加がみられており、これは信用事業資産である貯金の増加によるものである。一方、

表１　全道の農協における主要財務数値の推移

（単位：百万円、%）

	資産合計 A	信用事業資産	固定資産計	うち減価償却資産（取得価額）	設備借入金	自己資本計 B	うち出資金 C	C/B	B/A
1995	3,571,890	3,091,877	268,568	428,200	43,449	251,648	131,542	52.3	7.0
1996	2,993,120	2,482,704	202,821	444,724	40,047	255,950	132,972	52.0	8.6
1997	3,012,180	2,490,003	205,266	459,255	27,028	252,341	135,647	53.8	8.4
1998	3,057,801	2,539,417	219,227	484,758	34,190	262,341	137,224	52.3	8.6
1999	3,108,682	2,568,569	225,495	503,424	36,992	276,905	138,153	49.9	8.9
2000	3,182,721	2,610,359	225,092	514,479	33,717	279,551	138,612	49.6	8.8
2001	3,177,619	2,614,277	228,421	536,371	33,449	290,837	141,552	48.7	9.2
2002	3,213,879	2,665,278	224,419	543,338	33,043	297,229	142,185	47.8	9.2
2003	3,288,607	2,750,229	221,859	551,579	30,653	303,488	144,516	47.6	9.2
2004	3,373,074	2,823,468	221,936	557,304	27,298	312,994	146,801	46.9	9.3
2005	3,408,513	2,860,738	221,563	563,011	26,369	319,030	147,157	46.1	9.4
2006	3,445,398	2,899,147	221,034	510,913	28,851	321,781	146,736	45.6	9.3
2007	3,525,355	2,966,560	223,234	524,955	32,262	327,546	146,761	44.8	9.3
2008	3,631,173	3,056,025	220,014		28,647	333,385	147,209	44.2	9.2
2009	3,697,253	3,116,067	224,196	455,359	31,773	339,007	147,792	43.6	9.2
2010	3,728,114	3,153,698	216,204		28,694	344,150	148,468	43.1	9.2
2011	3,801,786	3,210,604	210,328	509,331	27,881	348,793	148,957	42.7	9.2
2012	3,858,484	3,240,815	212,102	506,412	31,441	359,009	149,935	41.8	9.3
2013	3,879,552	3,261,890	208,193	589,729	29,096	369,002	151,103	40.9	9.5
2014	3,919,642	3,288,145	205,793	597,685	24,581	379,706	152,634	40.2	9.7

資料：北海道農協中央会資料より作成。
注：1）数値は全道農協の合計値である。
　　2）空欄は数値なし。
　　3）1995 年の資産合計、信用事業資産の数値が突出して大きくなっているが、元資料からはその理由については判断できない。

固定資産については2000年に入った頃にやや増加するが、その後は横這い傾向となっている。その中身についてみると、農業関連施設が中心である減価償却資産については年によって増減があり、農協の施設投資の際の借入金である設備借入金についてはこの間維持されている。前述したような施設投資による地域農業のシステム化という開発型農協としての展開は、この時期についてはそれほど積極的に行われてきたわけではない。このことの要因として、施設投資関係の国の補助事業自体の環境が政権交代などもありそれまでとは異なっていたことも一要因として指摘できよう。

そうしたなかでも、必要に応じて農協は施設投資を行ってきている。農協の固定資産の内実は主に集出荷施設などの生産施設である。小麦や豆類の乾燥調整施設、野菜の集出荷施設を農協が整備することで産地形成を進めてきた。特に畑作地帯では「施設を起点とした農協事業」が典型的に展開した地域である[注3]。

実際に、畑作地帯における施設投資の継続とともに、水田地帯においても米の貯蔵・調整施設の整備などが進んだが、それが現在の北海道米の販売戦略にとって重要な意義を果たした。

ついで資金調達についてみると、組合員資本の割合が徐々にではあるが高まっているという傾向にある。さらにその組合員資本の中でも出資金は増額はしているがその割合は低下し、農協資本の割合が高まってきたというのがこの間の特徴である。農協の経営規模が大きくなる一方で、組合員戸数は一貫して減少してきた。農家戸数の減少はそのまま出資金の減額となる。それまで出資増高に努めてきた農協においては、組合員戸数の減少が農協の財務構造に直接的に影響を与えるという事態も見られるようになってきた。そこでJA北海道中央会では農協の決算指導方針として、剰余金の積極的な内部留保による自己資本の造成を指導してそれに対応してきた。その成果として財務基盤が確立されてきたのである。

この約20年間は、農協経営にとっても激動の時代であった。畑作や水田における農家への直接所得補償的要素を持った政策の適用や、JAバンク法の施行による一般金融機関とのイコールフッティングとそれに対応するための組合員資本の増強、農協合併の進展などである。1998年から相次いだ国際会計基準の導入は、農協経営に少なからず影響を与えている。

そうした事態に対して、農協は全体としての事業ボリュームが縮小していく中で、事業管理費の削減などの効率化を進め、農業関連施設への投資などの必要な投資を行いながら、自己資本力を高めるといういわば、全方位的な対応を取ってきたのである。

３．地帯別特徴

北海道農業の一つの特徴は、前述のように地帯毎に農業構造が異なっている点であり、そうした地域性は農協の事業・経営構造と相互規定関係にある。近年は、水田地帯における転作としての畑作物の定着などもあって、以前ほどの明確な区分はみられなくなっているが、それでもいまだに水田、畑作、酪農地帯という区分がある。ここでは、そうした区分に基づいて、地帯毎に１農協平均の事業・財務についてみてみよう（注４）。

坂下他前掲書では、1998年時点での地帯別に農協経営の分析をおこなっている。これによると、北海道の全体では「開発型農協」としての事業展開は信用事業の貯貸率の低下などにみられるように1990年代には変化したと指摘している。また、地帯別にみる事業収益構造の違いを指摘している。水田地帯は信用事業が収益の中心となっており共済、購買事業が続いている。畑作地帯は販売事業が収益の柱となっており、酪農地帯では購買と信用事業であった。

では、その後の実態を事業、経営の順にみてみよう。まずは水田地帯である。事業総利益をみると、**図３**にしめしたように１農協あたりの事業総利益は増加しているが、これは99年から2004年にかけて農協合併が相次ぎ、農協数が58から30まで減少したためである。

事業別の構成比にはあまり大きな変化はみられていない。購買事業の割合が最も大きくなっており、若干ではあるが販売事業の割合も高まっている。事業総利益全体でみると、2004年以降変動はあるがほぼ横這いとなっている。

次いで畑作地帯についてみてみよう（**図４**）。畑作地帯では、十勝地域では農協合併はほとんど行われず、オホーツク地域においては2000年から2003年にかけて農協合併が進んだ（注５）。事業総利益全体を見ると、その時期に増加しており、その後は変動がありつつもやや増加傾向にある。事業別の構成割合をみると、販売、購買事業が大きく、次いで信用、共済となっており、構成比としては90年代から変化はあまりない。

最後に酪農地帯である（**図５**）。酪農地帯では、前述したように釧路市農協の経営破綻が2001年に起こったが、農協合併は緩やかにすすみ2005年から2009年にかけて農協数が減少している。そうした中で、事業総利益としては農協合併を契機に増加しているが、事業部門別構成には変化はみられず、購買、信用が事業の中心となっている。

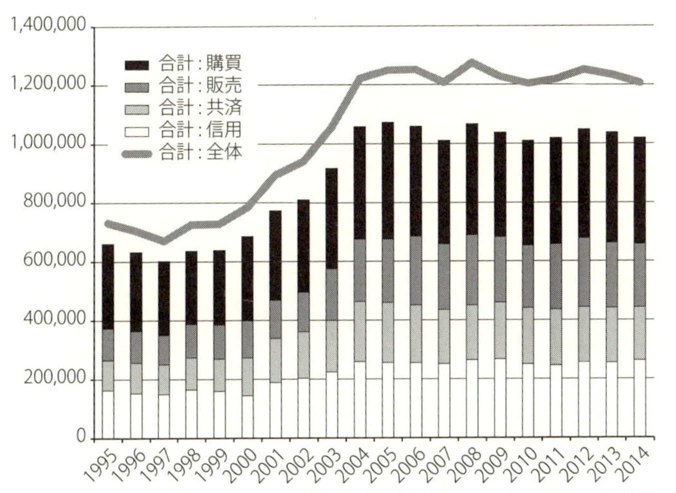

図３　水田地帯における１農協あたり事業総利益の推移（単位：千円）

資料：北海道農協中央会資料より作成。

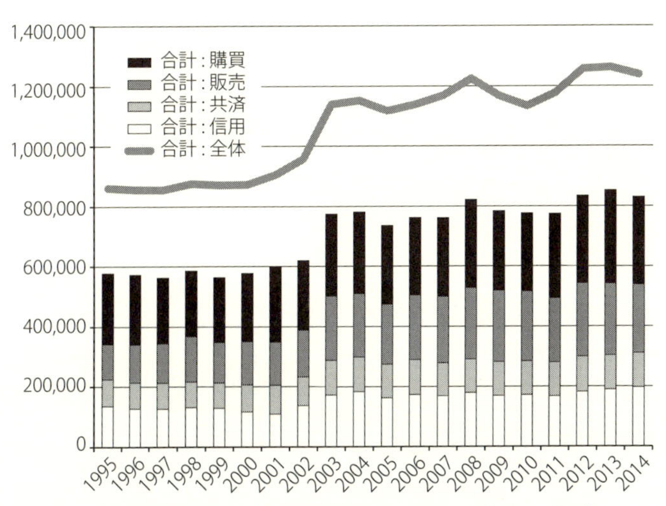

図４　畑作地帯における事業総利益の推移（単位：千円）

資料：北海道農協中央会資料より作成。

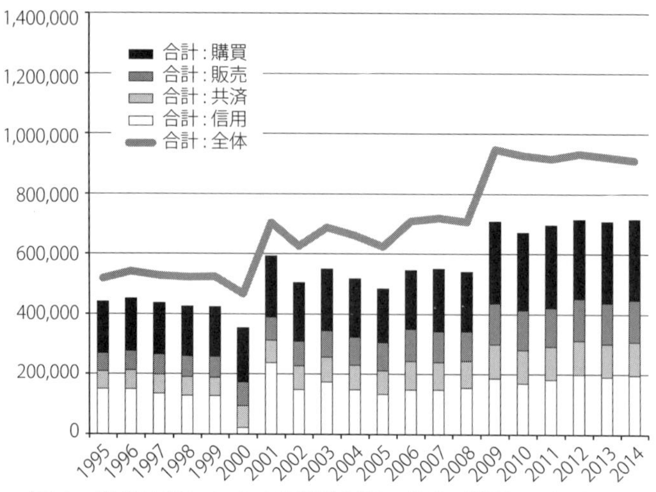

図５　酪農地帯における事業総利益の推移（単位：千円）

資料：北海道農協中央会資料より作成。

つぎに、**表２～４**から販売、購買事業の事業規模として販売支払高と購買供給高をみてみよう。地帯別に見ると畑作、酪農においては販売事業、生産資材事業ともに伸張しているのに対して水田地帯のみが停滞している。この間の米価下落や農家戸数の減少といった水田地帯が直面してきた厳しい状況があらわれている。一方、水田地帯（**表２**）では農協合併が進んできたため、１農協あたりの数値では事業規模が増加していることがわかる。また、畑作（**表３**）、酪農（**表４**）においても、農協合併が進みかつ全体の事業実績も増加傾向で推移したことから１農協あたりの数値は大幅に増加している。

では、部門別の事業利益はどうなっているだろうか。資料の制約から、信用、共済、農業関連事業（販売、生産資材購買、加工、倉庫事業など）、生活関連及びその他事業（ガソリンスタンド、生活購買店舗など）、営農指導事業について2005年と2014年の変化を整理したものが**表５**である。また、この間に進展した農協合併の影響も考慮するために2014年度の数値を農協の規模別に整理したものが**表６**となっている。事業利益は前述した事業総利益から、部門別の事業管理費を差し引いたものである。

表２　北海道の水田地帯の販売・購買事業実績の推移　（単位：百万円）

	地帯合計			１農協あたり		
	販売支払額	生産資材供給高	生活購買供給高	販売支払額	生産資材供給高	生活購買供給高
1996	251,288	118,387	57,698	3,807	1,794	874
1997	226,656	109,866	51,386	3,434	1,665	779
1998	239,121	98,751	40,326	3,985	1,646	672
1999	218,133	97,972	37,446	3,761	1,689	646
2000	197,275	99,578	34,664	3,945	1,992	693
2001	194,940	97,559	30,361	4,533	2,269	706
2002	186,989	94,588	29,847	4,675	2,365	746
2003	195,799	90,260	30,876	5,594	2,579	882
2004	203,616	95,184	28,879	6,787	3,173	963
2005	200,578	97,824	25,034	7,164	3,494	894
2006	200,711	97,697	22,538	7,168	3,489	805
2007	180,596	98,572	19,771	6,450	3,520	706
2008	200,632	108,180	17,352	7,431	4,007	643
2009	180,614	97,949	17,489	6,947	3,767	673
2010	163,022	99,303	15,896	6,270	3,819	611
2011	178,844	100,869	15,004	6,879	3,880	577
2012	194,447	106,677	13,985	7,479	4,103	538
2013	193,364	111,981	13,706	7,437	4,307	527
2014	180,513	106,653	13,120	6,943	4,102	505

資料：北海道農協中央会資料より作成。
注：１）地帯の区分については本文を参照。
　　２）販売支払額について、資料の関係上 2007 年以降は生乳の補給金および経営安定資金を除いた数値である。

表３　北海道の畑作地帯の販売・購買事業実績の推移　（単位：百万円）

	地帯合計			１農協あたり		
	販売支払額	生産資材供給高	生活購買供給高	販売支払額	生産資材供給高	生活購買供給高
1996	349,055	164,513	32,165	6,018	2,836	555
1997	377,201	154,821	28,675	6,503	2,669	494
1998	379,369	151,441	25,073	6,541	2,611	432
1999	367,416	147,417	19,282	6,561	2,632	344
2000	369,431	150,990	15,174	6,717	2,745	276
2001	370,284	153,212	16,234	7,121	2,946	312
2002	393,731	155,077	13,390	7,720	3,041	263
2003	412,558	159,418	10,629	9,823	3,796	253
2004	433,926	166,276	11,800	10,332	3,959	281
2005	418,815	169,974	10,253	9,972	4,047	244
2006	416,161	165,924	8,247	10,404	4,148	206
2007	335,261	180,144	8,561	8,382	4,504	214
2008	348,771	200,126	8,334	8,943	5,131	214
2009	359,666	181,915	8,434	9,222	4,664	216
2010	368,775	183,969	8,053	9,456	4,717	206
2011	384,300	194,200	7,673	9,854	4,979	197
2012	386,473	198,821	8,058	10,170	5,232	212
2013	394,009	218,665	8,513	10,369	5,754	224
2014	423,541	204,800	7,649	11,146	5,389	201

資料：北海道農協中央会資料より作成。
注：１）地帯の区分については本文を参照。
　　２）販売支払額について、資料の関係上 2007 年以降は生乳の補給金および経営安定資金を除いた数値である。

表４　北海道の酪農地帯の販売・購買事業実績の推移

（単位：百万円）

	地帯合計			１農協あたり		
	販売支払額	生産資材供給高	生活購買供給高	販売支払額	生産資材供給高	生活購買供給高
1996	109,673	49,287	8,612	5,223	2,347	410
1997	107,447	47,928	8,414	5,117	2,282	401
1998	110,238	46,541	8,662	5,249	2,216	412
1999	110,979	44,714	9,143	5,285	2,129	435
2000	114,222	47,160	8,581	6,012	2,482	452
2001	113,429	49,953	8,443	6,302	2,775	469
2002	121,250	51,594	8,319	6,736	2,866	462
2003	122,416	51,142	8,196	7,201	3,008	482
2004	123,704	53,280	7,664	7,277	3,134	451
2005	121,801	51,992	6,656	7,165	3,058	392
2006	114,735	50,575	5,826	8,195	3,612	416
2007	111,443	56,120	5,856	7,960	4,009	418
2008	121,027	63,713	5,455	8,645	4,551	390
2009	126,628	58,294	4,901	11,512	5,299	446
2010	127,230	58,340	4,456	11,566	5,304	405
2011	127,958	62,014	4,392	11,633	5,638	399
2012	135,550	61,410	4,775	12,323	5,583	434
2013	133,925	69,638	4,817	12,175	6,331	438
2014	142,207	66,744	4,418	12,928	6,068	402

資料：北海道農協中央会資料より作成。
注：１）地帯の区分については本文を参照。
２）販売支払額について、資料の関係上 2007 年以降は生乳の補給金および経営安定資金を除いた数値である。

表５をみると2005年時点では、共済事業の利益が最も高くなっていたがそれは減少し、2014年では農業関連事業が最も多く、信用、共済事業とも比較的同程度の事業利益規模となっている。生活その他事業については赤字であったが、その後ガソリンスタンドや生活購買店舗の別会社化、外部委託などによって農協事業本体から切り離すことで収益性は改善している。畑作地帯では農業関連事業の利益が最も大きく両期間でも違いは無い。また共済事業の利益は減少し、信用事業は増加している。信用事業の収益性は、信連の事業成績に大きく影響される。信連の運用益から預金に応じて単協に還元される奨励金が、この間信連の事業好転の影響でおおきくなり、単協の信用事業の収益改善にも寄与している。なかでも畑作地帯では単協の信連預金額が大きいために奨励金も大きくなっているのである。

酪農地帯は１農協あたりの事業利益が最も小規模である。2005年時点では信用事業がもっとも大きな利益を上げていたが、2014年でもその傾向は変わ

表５　北海道における一農協あたり地帯別にみた部門別事業利益の変化

（単位：千円）

地帯	年度	農協数	信用事業	共済事業	農業関連事業	生活その他事業	営農指導事業
水田	2014	26	76,539	61,188	82,823	8,921	−118,982
	2005	28	61,317	93,480	55,337	−15,662	−139,423
畑作	2014	38	73,486	46,710	188,461	6,788	−96,636
	2005	42	48,546	54,060	144,100	2,860	−89,578
酪農	2014	11	76,921	42,083	75,228	−9,061	−107,422
	2005	17	45,454	34,704	32,709	−14,947	−64,346

資料：北海道農協中央会資料より作成。

表６　地帯別規模別にみた１農協あたり事業利益（2014 年度）

（単位：千円）

正組合戸員数規模	農協数	正組合戸員	信用事業	共済事業	農業関連事業	生活その他事業	営農指導事業
水田	26	727	70,921	68,992	112,017	8,943	−131,657
～200 未満	2	182	17,181	11,925	49,217	5,831	−39,797
200 戸～400 戸未満	3	331	41,864	38,576	85,207	−7,714	−72,853
400 戸～800 戸未満	12	575	61,255	48,457	120,827	1,169	−96,904
800 戸以上	9	1,182	105,438	119,191	123,161	25,553	−218,010
畑作	38	274	66,589	49,607	208,195	10,395	−95,533
～200 未満	17	147	38,490	26,841	126,162	2,009	−62,815
200 戸～400 戸未満	15	277	65,538	44,074	170,158	2,602	−82,573
400 戸以上	6	624	148,832	127,942	535,715	53,636	−220,636
酪農	11	235	74,968	42,284	82,031	−8,673	−88,932
～200 未満	6	150	50,209	29,045	29,097	−7,637	−41,219
200 戸以上	5	336	104,678	58,171	145,552	−9,916	−146,188
総計	75	425	69,320	55,253	156,349	7,095	−107,088

資料：北海道農協中央会資料より作成。
注：事業利益は事業総利益から事業管理費を差し引いた数値である。

りない。一方で農業関連事業も利益を増加させているが、これは主に生産資材購買が寄与しているものと考えられる。酪農地帯ではJA道東あさひなど、大規模な合併が進展したことが農業関連事業の伸びにつながっている。また、他の地帯とは異なり共済事業も若干増加しているというのが特徴である。生活その他事業は赤字となっており、スタンドや生活購買店舗を赤字ながらも維持しているという姿が見て取れる。

地帯別規模別（**表６**）に2014年度の数値をみてみると、各地帯共に小規模な農協ほど農業関連事業の事業利益の割合が大きくなっている。

以上のように年によって変動はもちろんあるが事業の面からはこの間の農協は順調に拡大してきた。また、前述したような90年頃までみられていたよ

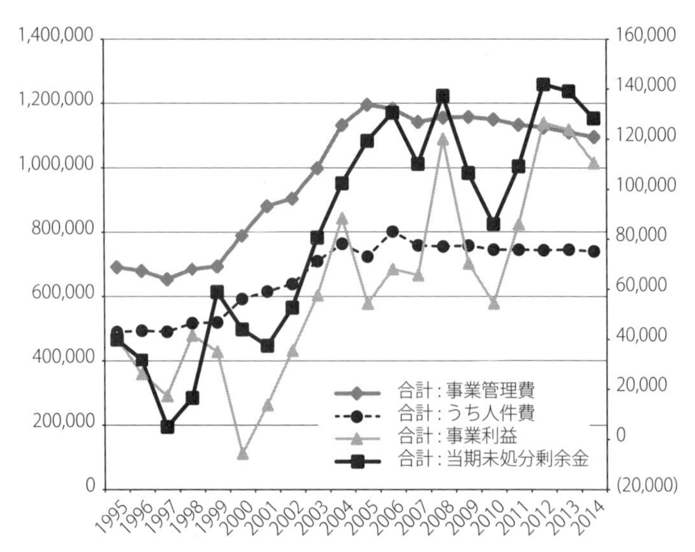

図６　水田地帯における事業費用・収益の推移（単位：千円）

資料：北海道農協中央会資料より作成。
注：事業利益及び当期未処分剰余金は右軸。

うな地帯別の事業の差は縮小している。

ではつぎに地帯別の農協全体の経営成果をみてみよう。**図６～８**は、地帯別の１農協あたりでみた事業管理費、農協の事業本体から生じた利益である事業利益、そして最終成果である当期未処分剰余金の推移を示している。これによると、水田、畑作地帯では特に2000年代に入ってから事業利益と剰余金も増加している。また、酪農地帯では事業規模は拡大してきたが、事業利益が低いまま推移していることがわかる。この事業利益の低さの要因は次のように考えられる。酪農地帯にはこの間多くの合併農協が誕生したが、それらの多くでは合併したことのメリットを組合員に還元するために合併に際して手数料率を低いところに合わせるという対応を取ってきた。こうした対応を継続するためには、それと同時に事業管理費の削減等を行うことが必要であるが、そうした取り組みは進んでいないため、財務状況としてはあまり改善されていないのであろう。

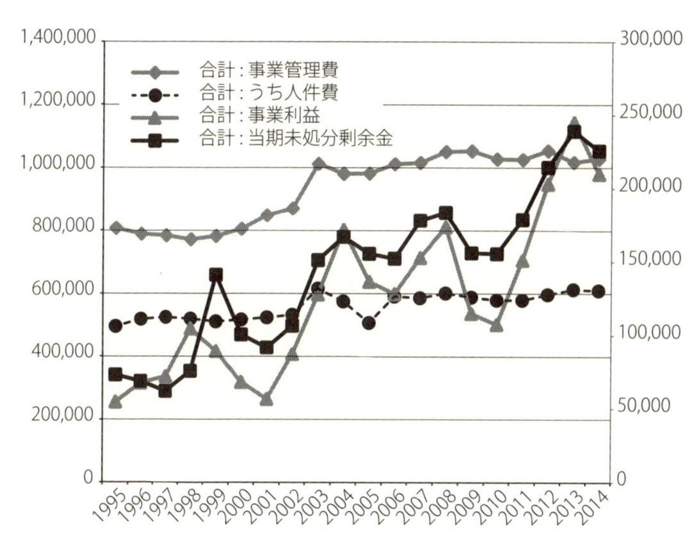

図７　畑作地帯における事業費用・収益の推移（単位：千円）

資料：北海道農協中央会資料より作成。
注：事業利益及び当期未処分剰余金は右軸。

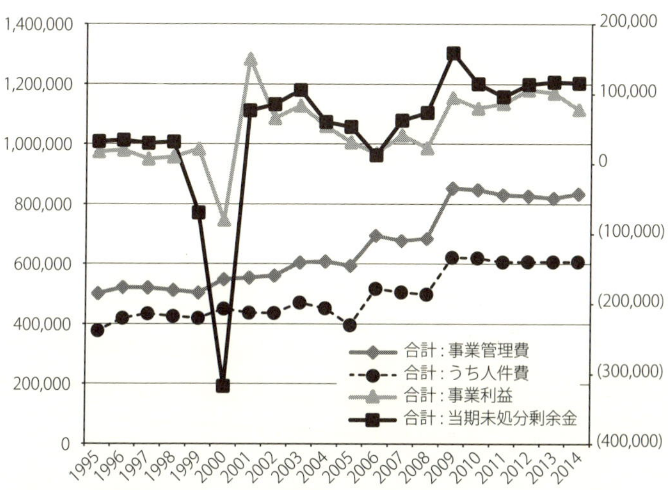

図８　酪農地帯における事業費用・収益の推移（単位：千円）

資料：北海道農協中央会資料より作成。
注：事業利益及び当期未処分剰余金は右軸。

表7　地帯別規模別にみた１農協あたり経営財務（2014年）

正組合員戸数規模	農協数	正組合戸員	事業管理費	うち人件費	事業利益合計	当期未処分剰余金
水田	26	727	1,095,710	739,257	110,489	128,236
～200未満	2	182	418,884	295,059	33,224	50,052
200戸～400戸未満	3	331	567,086	376,153	63,327	78,106
400戸～800戸未満	12	575	854,963	568,865	95,603	117,354
800戸以上	9	1,182	1,743,319	1,186,191	163,228	176,829
畑作	38	274	1,027,496	609,520	209,829	225,709
～200未満	17	147	568,713	389,400	120,361	145,037
200戸～400戸未満	15	277	975,553	591,922	170,027	205,891
400戸以上	6	624	2,457,242	1,277,187	562,830	503,825
酪農	11	235	833,438	606,211	77,749	115,633
～200未満	6	150	563,132	400,820	31,132	67,195
200戸以上	5	336	1,157,805	852,680	133,690	173,760
総計	75	425	1,022,682	654,010	156,020	175,774

資料：北海道農協中央会資料より作成。

では、部門別事業利益と同様に2014年における農協の正組合員戸数規模別の数値を見てみよう（**表７**）。いくつか特徴的な点を指摘すると、全体としては水田地帯の大規模農協（正組合員数800戸以上）の剰余金の低さが指摘できる。大規模水田地帯農協においては前述したように今後大規模な施設投資を計画している農協もみられる。こうした農協において、きびしい収益構造の中でいかにして施設投資をふくめて地域農業の再編を担っていくのかが重要な課題となっていることが指摘できよう。

ついで、地帯別に財務状況の推移を見てみよう（**表８～10**）。各地帯に共通している点は、この間農協の総資産はほぼ二倍に拡大しており、その中心は信用事業資産の増加によるという点である。さらに固定資産も増加しており、なかでも農業関連施設が中心である減価償却資産は大幅に増加している。特に畑作地帯では、これまでも指摘されてきたように麦や豆類の乾燥調整施設などの集出荷施設が資産の重要な位置を占めていることがわかる。こうした傾向は、従来はあまり施設投資を行ってこなかった水田地帯においてもみられており、北海道米の販売事業拡大に寄与した米の貯蔵施設などへの投資が農協経営にも変化をもたらしている。一方で、酪農地帯ではこうした施設

（単位：千円）

信用事業資産	固定資産計	うち減価償却資産	資産合計	設備借入金	組合員資本	出資金
36,700,490	2,049,058	5,874,774	42,494,326	220,255	3,719,181	1,562,871
9,999,586	662,295	1,394,486	11,633,365	0	1,644,690	699,137
16,513,648	781,468	2,684,389	19,093,442	0	2,059,627	786,812
28,247,215	1,271,327	3,941,863	32,349,338	47,086	3,326,981	1,208,680
60,634,004	3,816,730	10,511,069	70,679,262	573,512	5,256,298	2,485,753
28,435,987	2,378,808	8,350,908	36,077,490	433,305	4,324,922	1,623,779
15,925,744	1,135,884	3,113,081	19,852,075	162,801	2,174,312	888,841
24,169,223	2,354,603	7,586,804	31,403,779	362,672	3,859,935	1,594,253
74,548,588	5,960,938	25,101,677	93,733,773	1,376,312	11,580,785	3,779,923
20,841,279	1,113,767	2,110,685	25,785,737	44,851	2,937,387	1,268,130
14,640,425	812,847	1,633,356	18,005,884	82,226	1,955,795	837,671
28,282,303	1,474,870	2,683,480	35,121,559	0	4,115,298	1,784,681
30,187,124	2,078,955	6,577,282	36,792,536	302,474	3,911,427	1,550,503

投資はあまりみられていない。

　また水田、畑作地帯では組合員資本における出資金の割合が低下している点が指摘できる。特に畑作地帯においては95年には53.3％であったものが2014年には36.9％までに低下している。農協は、前述したように剰余金のかなりの部分を内部留保にまわしながら、農協経営の安定化を図ってきたのである。酪農地帯では、この比率はあまり変化していない。

　では最後に資産の大部分を占める信用事業について、資金調達、運用の構造をみてみよう。坂下（1991）が指摘したような地帯別の差はどうなっているのであろうか。**表11**をみると、水田地帯においては貸預率の増加、貯貸率のさらなる低下がみられており、「余裕金運用型」という性格がより強化されているとみることができる。この間、南空知などでは農家の規模拡大が進むなどドラスティックな地域農業の変動がみられたが、水田地帯全体の規模拡大はそれほど進まず、農家の資金需要も少なかったという水田地帯の安定性をここから読み取ることができる。この数値には受託資金は含まれていないため、地域の資金需要全体を示してはないが、一方で、余裕金運用としても超低金利時代において信用事業収益は先述したように低下してきている。

表8　水田地帯の農協における主要財務数値の推移

（単位：百万円、%）

	資産合計 A	信用事業資産	固定資産計	うち減価償却資産（取得価額）	設備借入金	組合員資本計 B	うち出資金 C	C/B	B/A
1995	17,248	15,313	1,196	1,817	100	1,156	599	51.8	6.7
1996	13,989	11,798	930	1,916	91	1,180	610	51.7	8.4
1997	13,990	11,788	947	1,988	94	1,158	608	52.5	8.3
1998	15,454	13,107	1,019	2,185	72	1,289	673	52.2	8.3
1999	16,073	13,591	1,040	2,305	63	1,393	702	50.4	8.7
2000	19,052	15,806	1,242	2,779	82	1,646	814	49.5	8.6
2001	22,134	18,387	1,505	3,386	103	1,936	977	50.5	8.7
2002	23,647	19,813	1,573	3,651	95	2,078	1,043	50.2	8.8
2003	27,648	23,598	1,743	4,207	80	2,420	1,190	49.2	8.8
2004	32,863	28,075	2,022	5,030	67	2,876	1,388	48.2	8.8
2005	35,322	30,252	2,184	5,225	63	3,122	1,483	47.5	8.8
2006	35,764	30,619	2,223	4,995	113	3,144	1,456	46.3	8.8
2007	36,748	31,663	2,240	5,118	155	3,157	1,448	45.9	8.6
2008	39,267	33,897	2,261	1,590	183	3,320	1,494	45.0	8.5
2009	41,263	35,573	2,384	4,208	238	3,469	1,546	44.6	8.4
2010	41,275	35,769	2,251	1,822	224	3,502	1,544	44.1	8.5
2011	41,975	36,409	2,170	3,420	227	3,552	1,542	43.4	8.5
2012	42,362	36,620	2,131	3,337	236	3,625	1,544	42.6	8.6
2013	42,328	36,663	2,059	5,794	223	3,702	1,556	42.0	8.7
2014	42,494	36,700	2,049	5,875	220	3,763	1,563	41.5	8.9

資料：北海道農協中央会資料より作成。

表9　畑作地帯の農協における主要財務数値の推移

（単位：百万円、%）

	資産合計 A	信用事業資産	固定資産計	うち減価償却資産（取得価額）	設備借入金	自己資本計 B	うち出資金 C	C/B	B/A
1995	18,454	14,866	1,801	3,418	549	1,555	829	53.3	8.4
1996	15,512	11,981	1,350	3,486	484	1,587	835	52.6	10.2
1997	15,641	12,069	1,345	3,584	279	1,640	859	52.4	10.5
1998	16,132	12,513	1,504	3,872	431	1,692	870	51.4	10.5
1999	17,147	13,156	1,668	4,236	482	1,925	908	47.2	11.2
2000	17,902	13,717	1,672	4,394	455	2,034	932	45.8	11.4
2001	19,262	14,784	1,852	4,959	490	2,200	1,000	45.5	11.4
2002	20,162	15,656	1,866	5,166	507	2,293	1,026	44.7	11.4
2003	25,210	19,662	2,255	6,426	592	2,840	1,279	45.0	11.3
2004	26,239	20,541	2,252	6,447	542	2,983	1,314	44.0	11.4
2005	26,708	20,995	2,257	6,673	527	3,085	1,327	43.0	11.5
2006	28,428	22,393	2,383	6,451	588	3,323	1,405	42.3	11.7
2007	29,111	22,719	2,427	6,690	631	3,434	1,413	41.2	11.8
2008	31,343	24,631	2,452	1,702	549	3,629	1,468	40.4	11.6
2009	32,278	25,606	2,540	7,328	605	3,704	1,484	40.1	11.5
2010	32,761	26,296	2,465	2,476	553	3,783	1,506	39.8	11.5
2011	33,493	26,754	2,373	8,246	526	3,821	1,521	39.8	11.4
2012	35,091	27,745	2,463	8,110	592	4,073	1,582	38.8	11.6
2013	35,512	28,110	2,416	8,198	540	4,233	1,602	37.8	11.9
2014	36,077	28,436	2,379	8,351	433	4,400	1,624	36.9	12.2

資料：北海道農協中央会資料より作成。

表 10　酪農地帯の農協における主要財務数値の推移

（単位：百万円、%）

	資産合計 A	信用事業資産	固定資産計	うち減価償却資産（取得価額）	設備借入金	自己資本計 B	うち出資金 C	C/B	B/A
1995	10,834	9,517	659	782	31	949	472	49.8	8.8
1996	9,426	7,956	474	896	60	998	500	50.1	10.6
1997	9,460	7,888	545	967	55	1,004	506	50.4	10.6
1998	9,797	8,070	615	1,049	50	1,019	509	49.9	10.4
1999	9,980	8,287	571	1,022	36	933	511	54.8	9.3
2000	11,480	9,502	673	1,152	37	861	570	66.1	7.5
2001	11,817	10,030	565	1,069	4	1,327	605	45.6	11.2
2002	12,384	10,550	577	1,099	4	1,379	621	45.0	11.1
2003	13,572	11,540	636	1,199	2	1,531	694	45.3	11.3
2004	14,073	11,795	662	1,233	1	1,573	725	46.1	11.2
2005	14,291	12,012	648	1,232	1	1,604	734	45.8	11.2
2006	17,470	14,734	754	1,211	0	1,931	907	46.9	11.1
2007	17,730	14,923	781	1,260	33	1,971	910	46.2	11.1
2008	18,636	15,593	785	508	17	1,978	911	46.1	10.6
2009	24,098	20,117	986	626	0	2,672	1,208	45.2	11.1
2010	24,494	20,116	943	863	0	2,720	1,219	44.8	11.1
2011	24,845	20,436	967	634	32	2,749	1,225	44.5	11.1
2012	25,279	20,667	970	1,489	50	2,809	1,233	43.9	11.1
2013	25,513	20,770	1,062	2,126	45	2,880	1,244	43.2	11.3
2014	25,786	20,841	1,114	2,111	45	2,940	1,268	43.1	11.4

資料：北海道農協中央会資料より作成。

表 11　地帯別に見た農協の資金調達・運用の推移

（単位：%）

	水田			畑作			酪農		
	貸預率	貯借率	貯貸率	貸預率	貯借率	貯貸率	貸預率	貯借率	貯貸率
1995	248.5	3.9	29.3	170.6	9.7	38.4	98.8	17.3	63.2
1996	222.8	4.7	31.3	159.1	9.2	40.3	92.8	20.2	66.5
1997	200.7	5.0	33.7	159.5	8.1	39.7	88.3	19.8	67.7
1998	215.4	3.9	32.1	168.8	6.8	38.3	90.0	20.0	66.1
1999	223.4	3.9	31.3	180.0	5.9	36.2	93.6	17.3	62.9
2000	229.8	3.6	30.4	195.4	4.8	34.0	100.8	20.0	60.6
2001	250.8	3.4	28.3	198.9	4.8	33.3	112.5	17.2	58.8
2002	267.0	3.2	27.3	215.7	4.6	31.8	118.4	18.0	57.8
2003	305.1	2.9	24.8	223.4	4.2	31.0	117.7	19.0	58.4
2004	304.0	2.8	24.9	228.8	4.4	30.6	108.4	21.0	62.1
2005	304.6	2.7	24.7	225.5	4.3	31.2	105.5	21.8	62.9
2006	312.1	2.5	24.1	225.5	4.3	31.4	100.1	22.2	64.7
2007	331.2	2.5	23.1	224.0	4.3	31.3	100.9	22.9	65.0
2008	358.4	2.5	21.8	242.2	4.5	29.8	105.1	24.5	64.1
2009	367.5	2.5	21.3	255.5	4.6	28.9	106.8	24.5	63.4
2010	377.3	2.6	21.0	266.6	4.7	28.3	106.5	24.1	63.0
2011	397.5	2.7	20.3	272.4	4.6	27.5	110.2	23.3	61.7
2012	428.1	2.5	18.9	279.0	4.6	26.9	116.4	22.6	59.9
2013	433.9	2.4	18.8	277.5	4.4	27.2	123.6	21.3	57.1
2014	436.2	2.3	18.7	294.4	4.1	25.8	133.1	20.0	53.9

資料：北海道農協中央会資料より作成。
注：貸与率は預金/貸出金、貯借率は借入金/貯金、貯貸率は貸出金/貯金の割合である。

農協経営として安定的ではあるが、水田地帯は担い手の高齢化が進み後継者不在農家の割合も他の地帯よりも低くなっていることから、今後大きく地域農業が動いていくことが想定されている。そうした中で、農協としてどのように対応していくのか、という点が財務構造からみても重要な課題として指摘できよう。

次いで畑作地帯であるが、この間比較的好調に推移してきた畑作経営の実態を反映し、貯金額が大幅に増加している。その中において貯貸率も低下はしているが、貸預率はそれほど大幅には増加しておらず、受託資金も含め地域の資金需要にも対応してきていることがわかる。

最後に酪農地帯をみると、やや薄まってはいるが高い貯貸率、低い貸預率に表されている「借金組合型」としての性格はいまも続いている。酪農家戸数の減少と、残存農家の大規模な施設投資を伴う規模拡大という酪農地帯のこの間の特徴が農協経営にも現れている。

以上みてきたように、北海道の農協は、農業関連事業を中心として信用・共済事業がバランスの取れた割合で事業を展開し、ある程度進んだ農協合併の効果もあり、安定性を増していることがわかる。90年代に指摘されてきたような地帯別の差についても、差異が薄まりながらも基本的には継続している。そのことは、農協経営が地域農業の展開と密接に結びついているという農業専業地帯としての性格を今も色濃く残していることを示しているのである。

第４節　准組合員問題に対する農協事業・経営からみた実態

今回の農協法改正の議論の重要な論点が、准組合員問題である。農協が本来の事業である農業関連事業に注力するためには、信用・共済事業における准組合員の規制をすべき、というのがその論拠である。つまり、准組合員を主対象とした信用・共済事業にのみ傾注するあまり、農業所得向上という経済事業の目的がおろそかになっているという指摘である。五年後には、もう一度この点が議論される。付帯決議の中でも、何らかの規制を導入する場合でも「地域性」をしっかりと考慮することが決議されている。

北海道は准組合員比率（准組合員数／（正組合員数＋准組合員数））でみると、全国的にもずば抜けて高い地域である。規制する比率を一律に適用すると、北海道の農協も規制にかかる可能性がある。しかし、本来の准組合員規制の目的は、農業関連事業に注力させるため、いわば「余計なことをさせない」ということが目的である。では、農業関連事業への力点との准組合員比率には何らかの関係があるのだろうか。**図９**は、2013年度の北海道の農協における信用共済事業と経済事業（購買、販売事業）の事業総利益の相関を見たものである。もし仮に信用・共済事業のみに力を入れているならば、この図は右肩下がりの相関関係になる。しかし実際には、右肩上がりの相関が見て取れる。つまり、北海道においては経済事業と金融共済事業が並進しているということである。

また**図10**は、准組合員比率と信用共済事業／経済事業総利益の相関を見みたものであるが、そこには比例、反比例の関係はみられない。農協の事業基盤が准組合中心の信用共済事業におかれているのであれば、ここには正の相関関係がみられることになるが、そうはなっていない。准組合員比率が高いのは、地方中核都市の位置する農協が多くなっているが、これらの地域においても農業は重要な基幹産業となっており、農業関連事業の比率も高くなっているのである。

そうした地域では、正組合員数が150～800名程度であり、准組合員は比率でみると高く見えるが、実数としては数千人という規模である。北海道においては、規模拡大とその表裏としての農家戸数の減少が進み、少数の農家が基幹産業である農業を担い、地域を支える構造となった。そのことが、農業専業地帯であり、かつ准組合員理比率が高いという特徴となっているのである。

そして、いわば少数精鋭の農業者によって組織された農協が、地域住民へ貯金、共済などのサービスを提供し、それがまた農協の経営基盤強化の一助

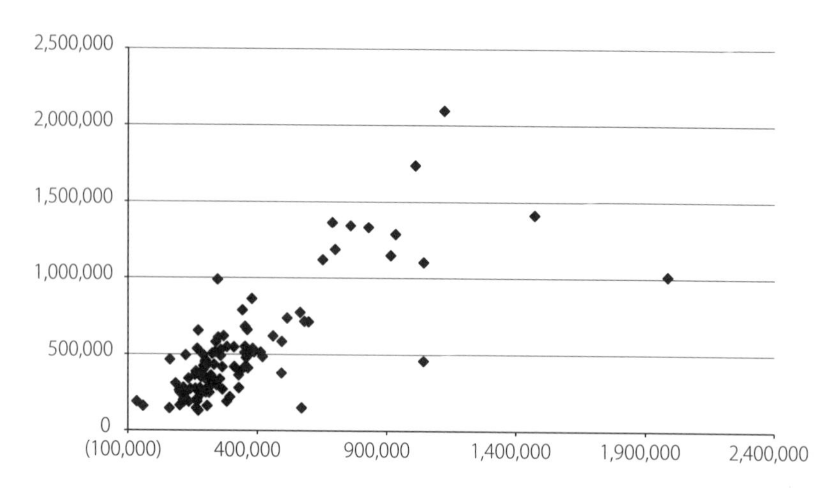

図9　北海道の農協における信用・共済事業総利益（横軸）と販売・購買事業総利益（縦軸）との関係（単位：千円）

資料：北海道農協中央会資料より作成。

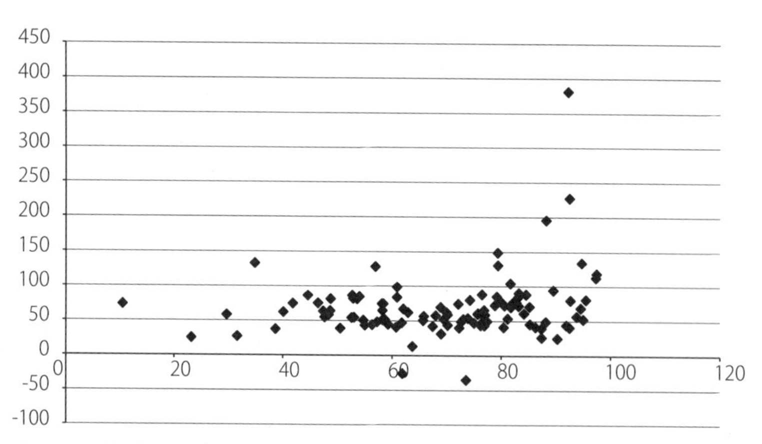

図10　准組合員比率（横軸）と信用共済事業総利益／経済事業総利益（縦軸）（単位：%）

資料：北海道農協中央会資料より作成。
注：作図の関係で縦軸が著しく高い１JAのデータを除いている。

となっている、という相互依存関係にある。その関係は、利益追求をもとめて地域住民を准組合員化してきたというような、規制改革会議が想定している姿とは根本的に異なるのである。今後、准組合員の実態について調査が進められることになるが、その前提として単純に准組合員比率によっては農協の農業関連事業への注力の度合いを測ることはできないことを認識することが重要である。

第５節　小括

農業地帯に位置する北海道の農協は、その組織、事業、経営ともに全国とは異なる性格を有している。今回の農協法改正の背景となったような准組合員をベースとした信用・共済事業をその中心として経営を成立させている、というような前提自体が、上述してきたように北海道の実態とかけ離れていることがわかるのである。

それは、日本の農協の特徴である総合事業がいまも維持されており、地域農業振興の主体としての役割を果たしているということを示している。農業関連事業といわれる販売、購買事業がすでに農協経営の核として位置付いており、農家経営を支えるための施設投資などのリスクを背負いながら事業展開を行っている姿を数値から見て取ることができるのである。

また、正組合員戸数規模からみて小規模な農協であっても、それぞれの農協が経営基盤を充実しながら経営を展開してきた結果として、道内では規模においても多様な農協がそれぞれに存在する状況となっている。

一方で、今後も正組合員戸数の減少が見込まれていく中で、農協の内部留保を高めながら経営の安定化を図ってきているが、地帯によっては今後大きく組合員の減少も想定されることから、農協としていかに地域農業の再編を担っていくのか。その役割発揮が求められている。

【注】

（注１）小林他（2015）を参照。

（注２）地域農業のシステム化という議論は、三島（1977）などにみられる。

（注３）坂下・朴他（2001）p.105より。

（注４）地帯区分としては振興局、総合振興局を単位として、水田地帯として空知、上川、畑作地帯として十勝、オホーツク、酪農地帯として釧路、根室の平均値をとっている。

（注５）この間のオホーツク総合振興局管内の広域農協合併としてはきたみらい農協（2003年）がある。

【参考引用文献】

河田大輔・小林国之（2010）「広域農協における“出向く営農指導体制”構築の意義―きたみらい農協を事例として―」『農経論叢』北海道大学大学院農学研究院、第65集、43-54

河田大輔・小林国之・正木卓・山内庸平（2016）「組合員の営農指導ニーズに対応した出向く営農指導の変遷と機能変化―JAきたみらいを事例として―」『協同組合研究』日本協同組合学会、第35巻第２号、115-123

小林国之・藤田久雄・坂下明彦（2015）「系統農協組織の改革と経済連機能の現段階的意義に関する研究」『協同組合奨励研究報告第四十輯』（全国農業協同組合中央会編）家の光出版総合サービス、195-222

坂下明彦（1991）「『開発型農協』の総合的事業展開とその背景」『経済構造調整下の北海道農業』（牛山敬二・七戸長生編著）北海道大学図書刊行会、207-216

坂下明彦・朴紅他（2001）「農協の生産・営農指導事業の収益化方策に関する研究」『協同組合奨励研究報告第二七輯』（全国農業協同組合中央会編）家の光出版総合サービス、9-222

藤田久雄・黒河功（2011）「系統農協組織改革と北海道の位置：ホクレンを中心に」『農経論叢』北海道大学大学院農学研究院第66集、37-47

三島徳三（1977）「「農民的商品化論」の形成と展望―「主産地形成＝共同販売」論の系譜を中心に―」『農産物市場問題の展望』（川村琢他編著）農山漁村文化協会、193-230

第4章
北海道における農協准組合員の実態

宮入　隆

第1節　はじめに

北海道の農協は、専業的な担い手を組合員として多く抱え、職能組合としての機能発揮が重要である一方、准組合員比率の高さが注目されてきた。2013年現在、全国平均では55.0％であるが、地域別にみると、80％を超えているのは北海道のみであり、北海道の准組合員比率の高さは特異である。その要因として以下の２点が強調されてきた(注1)。第１に、「基本法農政の優等生」と言われて以来の規模拡大・近代化の結果として、大量に発生した離農者の准組合員化である。第２に、へき地・過疎地に立地している農協も多く、一般企業によるサービス提供が限られる中での「地域インフラとしての位置づけの強さ」である。JA北海道中央会の資料によれば、実際に全道179市町村のうち、約５割の市町村で農協以外の社会インフラが乏しいとされており、つまりスーパー・ガソリンスタンド、金融・共済などの店舗が農協以外に存在しない地域が多く存在している。その点では農協が「地域のライフライン」となっていることは間違いない(注2)。

これに対して、今回の規制改革会議農業WGの「意見」では、「准組合員の事業利用は、正組合員の事業利用の２分の１を越えてはならない」という形でこれまでの農協の役割をないがしろにする提案がなされた。准組合員比率が特に高い北海道であるからこそ、利用規制の問題を農協の経営的側面だけではなく、それが地域社会経済に与える影響について、実態を踏まえて議論していくべきだろう。

しかし、都府県での准組合員問題の研究蓄積に対して、北海道において准組合員の具体的な姿や事業利用の実際などは、十分に明らかになっているとはいえない。

坂下（2015）（2016）では、近年の准組合員動向を統計資料に基づき分析している。そこでは、北海道で転出型の離農、いわゆる「挙家離農」が一般的であったのは1970年までであり、その後（とくに1990年代）は在村離農が大半となった状況を捉えつつ、准組合員が３万人から28万人へと10倍近くに伸びた中では、正組合員から准組合員への移行の割合は高くはないことを指摘している。その上で、准組合員の分布の多様性を農協の規模別、都市部など立地状況を踏まえて示し、また、今回の規制改革会議の准組合員利用規制の議論を契機に、准組合員の位置づけを明確にするとともに、「北海道農協の弱点である生活事業を地域の視点から強化する」ことを提言している（注３）。

また、10年ほどさかのぼると、2004年に行った全道農協へのアンケート調査分析を基にした小山・林（2005）がある。北海道の准組合員比率の高さは、離農後の准組合員化とともに、「生活店舗などの事業利用が多いこと、ローンや共済事業などの加入などが契機となっているためである（p.158）」と指摘している。その上で、准組合員対策については、単協間の店舗事業の有無など事業基盤の相違等からかなりの格差があり、「総合的事業利用を戦略的に進めるような取り組みはみられない（同ページ）」こと、そして、店舗事業を切り離した農協では准組合員のメリットは信用・共済に限られている状況も指摘している。また、当時の「農協のあり方研究会」で顕在化した准組合員の位置づけ問題に関連して、「農業専業地帯である北海道としての准組合員の事業利用推進だけではなく組織としても准組合員に対するスタンスを明確にする必要がある（p.159）」と10年前の分析ながら、今日に通じる重要な指摘を行っている。

今回の農協改革では、准組合員の利用規制はペンディングされたとはいえ、５年後を見据えて、准組合員問題の実態把握は道内JAグループにとって喫

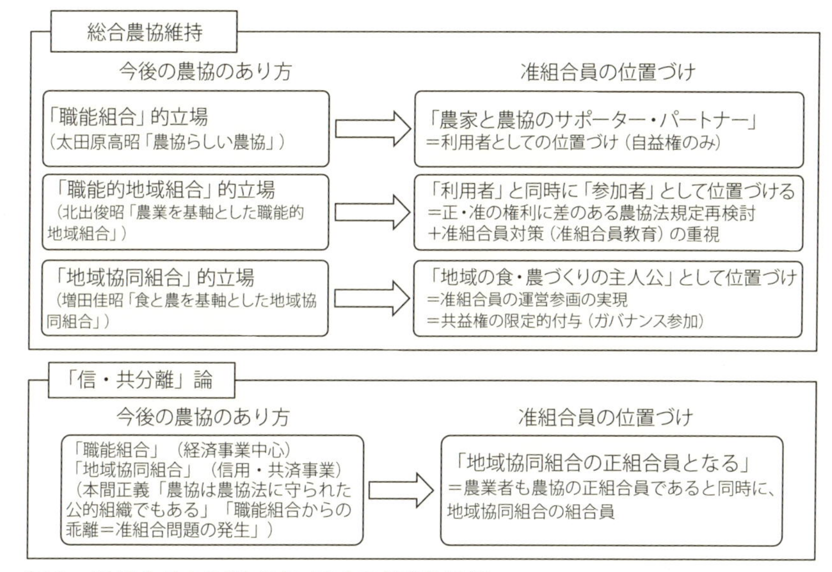

図１　准組合員の位置づけに関する代表的見解

資料：主に太田原（2014)、北出（2015）、本間（2014）、増田（2015b）を参照して作成

緊の課題であるといえる。上記の小山・林（2005）の指摘にもあった「准組合員の位置づけ」についても、今後の農協が地域に果たしていく自らの役割を明確化しつつ、根本的かつ主体的に考えていくことが必要になってきたといえる。

現在、全国的な議論になっているこれからの農協のあり方と准組合員の位置づけの方向性は**図１**のようにまとめることができる。ここに見られる「職能組合論（農協らしい農協)」に基づく「農協サポーター」としての准組合員なのか、それとも「地域農協論」的立場からの共益権の限定的な付与による運営参画を目指すのかという点についても、北海道の実態に基づいて一定の見解を示す必要があると考えられる。

本章では、この点に深く立ち入った詳細かつ総体的な実態把握は困難であり、今後の課題としたいが、少なくとも、2015年11月に開催された第28回JA北海道大会の決議にある「北海道550万人と共に創る『豊かな魅力ある農村』

の実現（議案第２号）」との関連で、道内農協としての准組合員対策の課題については最後に述べたい[注4]。

以上の観点を踏まえ、本章では、全道の准組合員増加の推移と現状を統計資料により整理した上で、地域のライフラインとしての役割発揮が高く求められ、道内の特徴が顕著に現れると考えられる沿岸部や中山間地域の３農協を事例に、准組合員の事業利用の実態に迫りつつ、北海道における「准組合員問題」の特徴を明らかにしたい。

第２節　北海道における准組合員比率の現状

１．准組合員比率の現状と推移

まず**表１**で全国との比較により、北海道における准組合員比率の特異的な高さについて確認したい。2013年現在、准組合員比率の全国平均は55.0％となっている。それに対して北海道は80.3％という高い比率であるが、これは大都市圏を含む南関東の64.7％や近畿の62.1％と比較しても格段に高いということができる。北海道に近い東日本の東北、そして北関東や東山地域では全国平均を下回り、依然として40％以下となっている。本来であれば、このような比率が農村部を多く含む地域の平均的な姿であったと考えられる。

次に1960年代から現在までの組合員数の推移を**図２**で辿りながら、准組合員比率の特異性が北海道でどのように表れてきたのか確認したい。

統計上で准組合員比率の全国平均が50％を超え、正組合員の総数を超えて逆転したのは2009年度のことである。北海道ではそれよりほぼ20年前の1988年にはすでに50％を超えていた。つまりそれ以前に、全国との乖離をすでに示していたのだが、1970年代初頭までは、北海道の准組合員比率は全国平均よりも低い水準で推移していた。これが1970年代中頃から80年代の初頭にかけて、全国平均との乖離が大きくなり、さらに「平成の広域合併」（1990年代～）と前後して、さらにその開きが拡大していくという形で准組合員比率が高まってきたことが分かる。また、郡部の過疎化や人口減少が加速してい

表1　全国地域別にみた准組合員比率の比較（2013年）

（単位：人、団体、戸、人/戸、（%））

	組合員数									准組合員戸数	個人/戸数（准組）
	個　人			団　体			合　計				
	全体	うち准組合員	（比率）	全体	うち准組合員	（比率）	全体	うち准組合員	（比率）		
全　国	10,049,996	5,503,946	（54.8）	95,367	79,913	（83.8）	10,145,363	5,583,859	（55.0）	4,556,467	1.2
北海道	341,036	274,674	（80.5）	9,924	7,302	（73.6）	350,960	281,976	（80.3）	271,036	1.0
東　北	999,023	364,324	（36.5）	20,423	18,695	（91.5）	1,019,446	383,019	（37.6）	285,025	1.3
北　陸	685,344	319,174	（46.6）	13,652	12,046	（88.2）	698,996	331,220	（47.4）	252,086	1.3
北関東	584,556	231,967	（39.7）	5,229	4,226	（80.8）	589,785	236,193	（40.0）	186,549	1.2
南関東	1,131,689	731,293	（64.6）	6,018	5,221	（86.8）	1,137,707	736,514	（64.7）	650,670	1.1
東　山	417,970	161,165	（38.6）	4,128	3,522	（85.3）	422,098	164,687	（39.0）	125,503	1.3
東　海	1,456,656	910,023	（62.5）	6,459	5,343	（82.7）	1,463,115	915,366	（62.6）	751,000	1.2
近　畿	1,318,508	816,969	（62.0）	6,435	5,588	（86.8）	1,324,943	822,557	（62.1）	679,593	1.2
中　国	1,156,395	649,771	（56.2）	7,315	5,894	（80.6）	1,163,710	655,665	（56.3）	481,346	1.3
四　国	562,241	263,363	（46.8）	2,064	1,347	（65.3）	564,305	264,710	（46.9）	216,591	1.2
九　州	1,270,613	706,317	（55.6）	12,485	9,832	（78.8）	1,283,098	716,149	（55.8）	587,887	1.2
沖　縄	125,965	74,906	（59.5）	1,235	897	（72.6）	127,200	75,803	（59.6）	69,181	1.1

資料：農林水産省「総合農協統計表」より作成

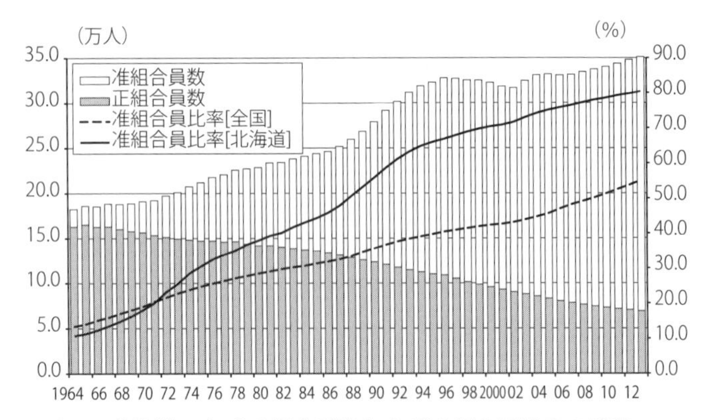

図２　北海道における組合員数および准組合員比率の推移

資料：農林水産省「総合農協統計表」より作成

る近年においても准組合員数自体が増加傾向にあり、全道的には人口・世帯に占める准組合員数比率も高まっていることが示唆される。

冒頭でみた先行研究も踏まえると、准組合員増加の要因は、以下の３点が時期的に主となるものは替わりながら、他方で重層的に組み合わさり、今日まできたとみるこができる。

第１に、最初にみられた1960年代当初から1970年代末までの准組合員の増加傾向は、先行研究でも指摘されてきたとおり、規模拡大と並行した離農者の続出の中で、正組合員が准組合員へ移行していったことである。しかし実数の面から、それ以降は、離農者の准組合員化を次第に上回る形で、准組合員が大きく拡大していることが示されている。

これは第２の要因として、都市部を中心とした金融・共済事業利用の拡大や、全道的に員外利用規制を遵守するために准組合員化が図られた結果としてみることができる。さらに第３の要因として、郡部の高齢化・人口減少が全国に先駆けて進展した北海道にあって、過疎地域からの企業の撤退により、農協の「地域インフラ」としての機能が高まってきたことが、准組合員の増加にさらに拍車をかけていったということが推察される。

第２・第３の要因と関連して、2000年代初頭以降の近年に准組合員の増加が加速した背景として、員外利用規制遵守の指導強化について触れておきたい。この時期、農協法の改正（2001年・第48回改正）により、これまで組合員以外の利用は原則として事業利用分量の20/100以内とされてきたものが、信用事業における貯金の受け入れ等では25/100以内に緩和された。他方で、同時期に内閣府に設置された総合規制改革会議の答申（2002年12月第２次答申）を受けて、農協の員外利用制限の遵守を徹底すべきとされたのである。その結果として、農水省では事務ガイドラインを改正し、農協は組合員と員外者の事業分量を把握できる体制を整備することが強く求められた。このような員外利用規制遵守の指導強化に対応して、農協サイドでは、すでに農協を利用していた員外利用者を准組合員に移行させる必要があった（注５）。

つまり、地域インフラとして利用されてきた度合いの強い北海道では、元来、員外利用割合も高く、農協の員外利用規制遵守の結果として准組合員の増加がさらに高まってきたといえる。このような員外利用規制に対する指導の経緯を踏まえないで、突如として今回の「意見」で示された准組合員利用規制の検討は、全く理不尽なものであると言わざるを得ない。

２．地域別にみた准組合員の状況

前項では全道的な動向を確認したが、道内の総数28万人を超える准組合員には、地域的な偏在状況がみられる。**表２**で、単協別に准組合員数の多い上位10農協をみると、札幌・旭川・函館・帯広など道内の主要都市圏に所在する農協が上位を占めていることが分かる。そして、これら上位10農協の合計は、道内准組合員の半数近くの47.8％

表２　准組合員数でみた上位 10 農協

（単位：人（%））

JA 名	准組合員数	(割合)
あさひかわ	27,219	(9.5)
さっぽろ	24,573	(8.6)
道　央	15,123	(5.3)
いわみざわ	14,036	(4.9)
新はこだて	11,516	(4.0)
帯広かわにし	10,506	(3.7)
ふらの	10,119	(3.5)
南るもい	8,830	(3.1)
稚内	7,491	(2.6)
函館市亀田	7,070	(2.5)
上位 10JA 合計	136,483	(47.8)
全道合計	285,742	(100.0)
１JA 平均	2,621	

資料：JA 北海道中央会「JA 要覧」より作成。

表３　准組合員比率別の農協数の変化（2005-2014 年）

（単位：組合（%））

	2014 年		2005 年	
	農協数	（割合）	農協数	（割合）
90%以上	13	(11.9)	12	(9.8)
80～90%未満	25	(22.9)	18	(14.6)
70～80%未満	24	(22.0)	25	(20.3)
60～70%未満	14	(12.8)	23	(18.7)
50～60%未満	19	(17.4)	20	(16.3)
50%未満	14	(12.8)	25	(20.3)
合計	109	(100.0)	123	(100.0)

資料：JA 北海道中央会「JA 要覧（各年次）」より作成。
注：組合員比率の全道平均は、2014 年が 80.9%、2005 年が 75.1%である。

を占めている。

このような状況は、離農者の准組合員化という先にみた道内の准組合員増加の１つ目の要因、つまり離農者の准組合員化では説明できず、むしろ第２の要因である、都市部を中心にした金融・共済事業利用者の拡大によってもたらされたものということができる。この限りでは、他府県の動向と大きく変わらない。

しかし他方で、第３の要因である郡部における地域インフラとしての役割の高まりも確認できる。まず**表３**では、准組合員比率別の農協数をみているが、単協別にみると、平均を超えて准組合員比率の高い農協が全体の３割以上の38農協あり、全国平均を上回る60%を超える農協は全体の７割以上を占めている状況にある。

さらに**表４**によって、振興局管内別に准組合員比率をみると、宗谷からオホーツクまでは全道平均以上であり、90%を超える宗谷をはじめ、沿岸部過疎地域を多く含むところが地域が上位にきていることが分かる。このような地域で正組合員の数を大きく超えて、准組合員比率が高まっているということは、人口比率からも准組合員の絶対数は少ないとしても、農協の役割の高さを物語っているといえよう。

表4　振興局別准組合員比率の現状（2014年）

（単位：人、%）

	正組合員数	准組合員数	総　計	准組合員比率
宗　谷	896	12,813	13,709	93.5
留　萌	1,592	11,440	13,032	87.8
釧　路	1,453	10,118	11,571	87.4
道　南	3,501	20,714	24,215	85.5
石　狩	7,873	43,487	51,360	84.7
根　室	1,642	8,290	9,932	83.5
オホーツク	6,208	25,567	31,775	80.5
空　知	11,084	44,122	55,206	79.9
上　川	14,781	58,379	73,160	79.8
十　勝	9,956	29,817	39,773	75.0
日　胆	5,277	15,530	20,807	74.6
後　志	3,212	5,465	8,677	63.0
総　計	67,475	285,742	353,217	80.9

資料：JA 北海道中央会「JA 要覧 2015 年版」より作成

第3節　事例分析

以上の統計資料分析を踏まえた上で、本節では3農協を事例に准組合員の実態をみていく（**表5-1**、**5-2**参照）。事例選定においては、道内農協のライフラインとしての役割が明確に現れ、北海道的な特徴が見出しやすい沿岸部と中山間地に所在する農協に限定した。具体的には、日本海沿岸部の留萌振興局に位置するJA南るもい、そして中山間地域にある十勝総合振興局のJAあしょろ、オホーツク総合振興局のJAつべつである。

表5-1に示されるように、とくに、JA南るもい、JAあしょろの2農協については、准組合員比率が高いだけではなく、農協管内の世帯数に占める組合員（個人）比率が約6割と高いことも特徴である。また、JA南るもい、JAあしょろの2事例においては、多くの農協が生活購買店舗事業から撤退する中で、不採算部門であっても維持している事例である。JAつべつは、生活店舗事業を直接行っていないが、農協事務所の1階にあった元生活店舗を地元業者に貸与することで、町で唯一となったスーパーを維持している。

表 5-1　事例農協の組合員および管内人口の現状

農協名	正組合員			准組合員			組合員数総計	准組合員比率
	個人	法人等	合計	個人	法人等	合計		
南るもい	388	3	391	8,793	37	8,830	9,221	95.8
あしょろ	240	14	254	1,804	36	1,840	2,094	87.9
つべつ	179	35	214	311	25	336	550	61.1

資料：JA北海道中央会「JA要覧2015年版」より作成および各市町Webページより作成

表 5-2　事例農協の財務・事業概況（2014 年度）

（単位：千円）

		南るもい	あしょろ	つべつ
財　務	事業利益	38,084	141,666	77,137
	経常利益	50,221	137,610	95,112
	当期余剰金	24,940	106,146	69,967
	総資産	17,001,074	21,300,329	13,523,677
	純資産	1,325,111	2,415,193	1,609,799
	単体自己資本比率（%）	19.02	19.75	25.39
信　用事　業	貯　金	14,869,044	15,004,222	10,707,661
	預　金	12,543,530	10,511,814	8,096,085
	貸出金	1,648,508	6,315,368	1,869,987
共　済事　業	長期共済保有高	44,138,139	29,554,066	2,506,679
	短期共済新契約掛金	163,499	135,577	106,158
購買品供給・取扱高		2,502,131	4,834,524	3,022,945
販売品販売・取扱高		2,374,222	8,386,846	6,746,645

資料：各農協の総代会資料より作成

1．JA南るもい

（1）事例概況と特徴

JA南るもいは、**図3**のように、日本海沿岸部の留萌振興局南部に連なる3市町（増毛町・留萌市・小平町）を管内とし、2002年に3農協が合併して設立された。

正組合員数は391名（正組合員戸数352戸）で、2014年度の販売実績（約21.4億円）に占める米の割合が8割（19.5億円）を超える稲作を基幹とした地域である。土地条件・気候条件ともに厳しい沿岸部にあるが、地域特有の寒暖差を活かした米生産は、道内でも有数の良食味米産地として評価も高い。近年は、複合品目として野菜・果樹の生産も盛ん（1.8億円）である。

（単位：人、戸、%）

管内	人口	世帯数	個人組合員の世帯数に占める割合
留萌市、小平町、増毛町	30,510	15,849	57.9
足寄町	7,211	3,534	57.8
津別町	5,111	2,467	19.9

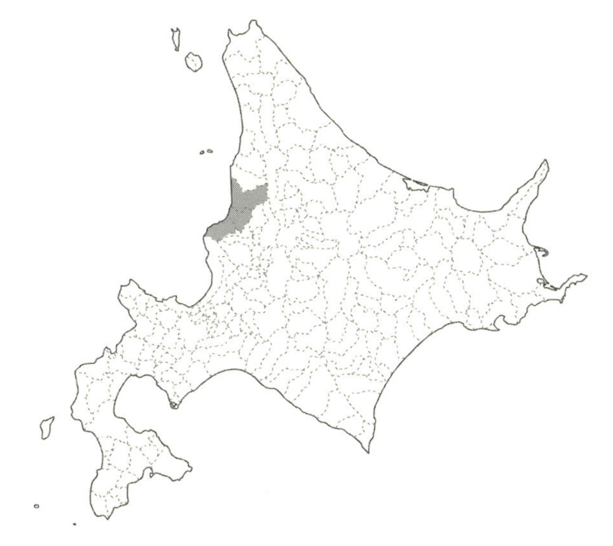

図３　JA 南るもい管内（留萌市、小平町、増毛町）

JA南るもいの立地条件をみると、本所のある留萌市は、管内の中心都市で振興局所在地であり人口が集中しているが、市街地を除けば沿岸部へき地を中心に過疎地域となっている。2014年現在の３市町を合わせた人口は約３万人である。

2014年度現在の准組合員数は8,830名（うち個人8,793名）で、先述の正組合員数391名と合わせて9,221名となり、准組合員比率は全道平均を大きく上回る95.8%となっている。単純に数字だけみれば、地域人口の1/3が組合員という高さである。

図４は、合併以前の1990年代中頃以降から現在までの組合員数の推移をみ

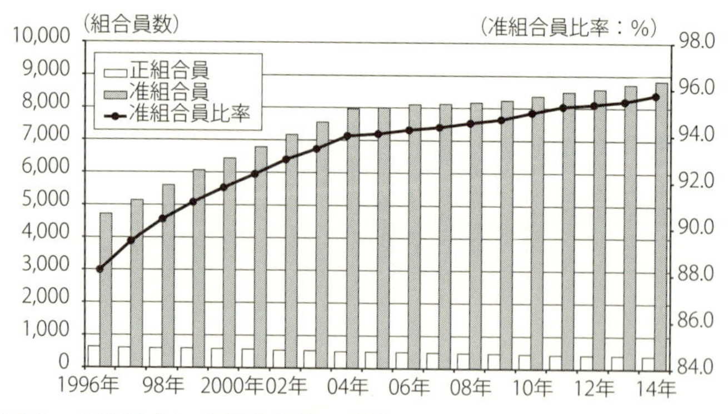

図4　JA南るもいの組合員数の推移

資料：JA北海道中央会「北海道JA要覧（各年次）」より作成

ている。合併前の2000年と比較し、正組合員数は579名から391名へと３割強の減少となっているのに対し、准組合員数は6,425名から8,830名と４割増加しており、とくに2000年代初頭まで大きく伸び、現在まで一貫して増加傾向を示してきたことが分かる。また、准組合員比率は、1990年代後半にはすでに90%を超えて現在に至っている。

JA南るもいにおいて、准組合員が増加した最大の要因は、生活購買店舗Aコープにおけるポイントカードの導入である。留萌市内の市街地にあるJA本所と隣接するAコープ店舗は、1996年ごろに現在の店舗「ルピナス店」として新設され、そこでは早くからポイントカードを導入しており、ポイントカード利用希望者に対して出資金1,000円で准組合員化を推進してきた。これは員外利用規制への対応でもあった。

つまり、JA南るもいの准組合員の大半は、生活購買事業の利用者である。農協の推計によれば、総計約8,800名の個人組合員のうち、留萌市内の准組合員が90%以上となる8,200名を占めており、残り約600名の准組合員が増毛町・小平町の２町在住者となる。これら准組合員のうち、離農により正組合員から准組合員へと移行した者は、全体としては１割未満であると考えられるが、増毛町・小平町の両町においては、半数近くが元正組合員（もしくはその家族）と推定されている。近年は高齢で離農後に管外へ転出する組合員も増えているが、それでも離農者の多くは准組合員として地域に残り、出資金もそのまま維持しているという。

出資金額から確認してみれば、2014年現在の出資金残高は約５億1,700万円で、うち正組合員個人の出資総額は約５億円で８割を占めており、１名当たり平均額は104万円である。それに対し、１口の出資金1,000円で准組合員となったＡコープ利用者が大多数である准組合員個人の出資総額は約1.1億円で、１組合員当たり平均額は1.1万円である。

写真１　留萌市内のＡコープ店舗「ルピナス」

（２）准組合員の事業利用状況

１）生活店舗事業の状況

JA南るもいの場合、主としてＡコープ店舗利用者を中心に准組合員化を進めてきたが、Ａコープは市街地に立地する店舗「ルピナス店」と海岸部の小平店の２店舗となっている。ガソリンスタンドは農協としては、留萌市内の１店舗だけであるが、小平には民間１、増毛には２店舗存在する。

写真２　Ａコープ小平店

生活店舗のうち、ポイントカードを導入しているのはルピナス店のみである。従って、ポイントカードにより准組合員が増加してきたのはこの店舗利用者が中心となる。売り上げの大部分もルピナス店が占めている。ルピナス

写真３　ルピナスの直売コーナー「留々菜」

店の事業収益は約７億円、小平店は約9,000万円となっており、事業費用等を差し引いた事業利益でみれば、生活店舗事業は年間5～600万円の赤字を計上している状況にある。

ルピナス店のポイントカードは通常１％還元で、月に数回の５％割引等のカード利用者限定のセールがあり、これが准組合員になるメリットである。年平均では、ルピナス店の売上のうち８割がポイントカード利用者による実績で、これは正・准両組合員によるものとなる。客数ベースではポイントカード利用者の割合は７割である。一例として、2014年１月の実績をみると、総売上は約6,000万円で延べ客数は31,000人である。うちカード取引は売り上げの80.6％を占める約4,900万円で、客数では70.7％の22,000人であった。

ポイントカード利用では、正組合員と准組合員の利用割合を算定することはできないが、組合員割合と市街地に立地することから、大半が准組合員の利用だと考えられる。留萌市内には、郊外店も含め競合するスーパーは、生協と全国チェーン店、ローカル・スーパーの３店舗がある。とくに生協店舗がルピナス店の近くに出店したことにより、売り上げは以前より半減した。それでも、現状のところルピナス店単体では赤字は計上しておらず、市街地の厳しい競争条件でも店舗を維持している。とくにルピナス店の強みとなっているのは、店舗内の生鮮売り場に併設されたインショップ型の直売コーナー「留々菜」である。正組合員から供給される青果物が競合店との差別化を実現し、実際に直売コーナーの売り上げは伸びている。また、これら直売所の設置は、准組合員となった地元住民に対する地域農業理解・支援の一助となることも期待されている。

他方で、海岸沿いに所在する小平店は売上金額も少なく、生活店舗事業の赤字もこちらから発生している状況にある。しかし小平町には、スーパーはこの１店しかなく、撤退すれば地元にはコンビニしか残らないことになる。自動車での移動が困難な高齢者にとっては、まさにライフラインとして機能している。また、JA南るもいの３市町内のうち最も正組合員が多いのも小平支所管内で、正組合員391名のうち43.5％（170名）を占めている。その点からも赤字でありつつも、小平店舗は組合員にとって重要な店舗である。

２）信用・共済事業における准組合員割合

准組合員が９割以上を占めているとはいえ、生活店舗の利用者が大半であるため、信用・共済事業においては、それほど准組合員比率が高くないのが実情である。**表６**のように、信用事業においては、貯金（残高ベース）・貸出金のいずれにおいても、准組合員の利用は２割前後である。共済事業においては、掛け金ベースでほぼ正・准組合員が同等の利用率となっているとはいえ、組合員比率からみれば高い状況にあるとはいえない。これら要因の１つとしては、留萌市が振興局内の中心都市であるため、金融機関・保険会社等の店舗がある程度存在しているということもあるが、農協が信用・共済事業の拡大を一義として准組合員の加入推進をしてきた訳ではないことも示している。

表６　JA 南るもいにおける組合員別事業利用割合

（単位：%）

		正組合員	准組合員	員　外
信用事業	貯金（残高ベース）	50%以上	20%前後	21.8
	貸付金	73.8	23.7	2.5
共済事業	掛け金ベース	46.0	45.0	9.0

資料：聞き取りにより作成

JA南るもいでは組合員の利便性を守るため、３支所のうち、沿岸部の小平・増毛の２支所で金融窓口を維持している。金融業務を行う上で、小規模な支店であっても、人員は各支所で３名以上を配置しなければならない。人件費等コスト面からみれば厳しいが、へき地沿岸部を含んだ広範な地域を管内とする農協として、経営合理化の論理ではなく、正・准組合員双方の利便性を最大限維持しようとしてきた農協の事業運営の姿がここにも示されている。

（３）JA南るもいにおける准組合員対応の課題

JA南るもいでは、正組合員が減少していく一方で、員外利用規制に対応し、生活店舗事業利用の適正化を図るために准組合員の加入推進を図ってきた。

また、生活店舗利用者としての地域住民の准組合員化は、Aコープ店舗に対する一定の支持が根底にあると考えられる。JA南るもいとしては、今後も生活店舗利用を中心に准組合員の数は増加していくことを想定している。そのため、員外利用規制だけではなく、さらに農協改革で示された准組合員の利用規制がかかれば、そのまま事業実績の不振へとつながり、それは地域インフラとしての機能低下も意味する。

ただし、准組合員の拡大にも課題はある。第1に、ポイントカードと出資金をセットで加入した准組合員を継続的に農協で把握していくことが困難なことである。留萌市は振興局を中心とした公務員や企業の転勤族も多く、准組合員として出資したまま管外へ転居した人も含んでいると想定される。しかし、人数が多いゆえに、ハガキ等での追跡調査にも費用がかかりすぎるため、組合員の所在確認は不可能となっている。

第2に、これも准組合員が過多となってしまったための問題であるが、農協の組合員としての事業利用やサポーターとしての支持をさらに推進するために、農協の広報誌等を配布するにも費用面で困難な点である。これまでも積極的に准組合員向けに情報発信してきたことはないが、現状のように増加した准組合員に対して広報誌などを配布するということは、単協としては難しく、Webでの広報誌の公開やAコープ店舗を通じた情報発信などに限られるだろう。

また当然のことながら、生活店舗中心による増加の結果として、准組合員の運営参加に対する要望は現時点では確認されておらず、現状としては准組合員の参加を前提とした農協の組織活動もない。

2．JAあしょろ

（1）事例概況と特徴

足寄町（JAあしょろ管内）は、十勝総合振興局の東北部の山間部を多く含む中山間地域に所在し、西66.5km、南北48.2km、総面積1,408k㎡と日本でも有数の面積を誇る自治体としても有名である（**図5**参照）。JAあしょろは、

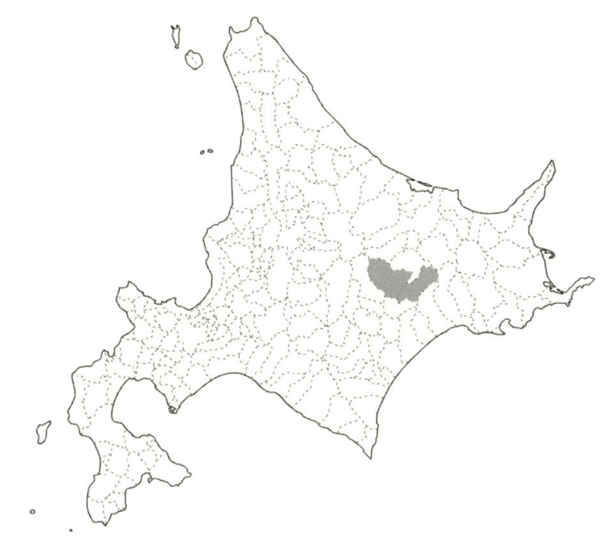

図5　JAあしょろ管内（足寄町）

1948年に設立後、2005年に管内の開拓農業協同組合と合併して現在に至っている。正組合員数は254名（正組合員戸数227戸）である。2014年度の販売実績83.9億円のうち畜産部門で72.1億円を占める酪農・畜産の盛んな農業地域で、チーズ加工にも取り組んでいるほか、「ラワンぶき」などの地域特産品の加工事業も行っている。

図6のとおり、准組合員数は2014年現在で1,840名と全組合員（2,094名）に占める割合は87.9％まで高まっているが、90年代後半までは50％以下であった。それが2000年代に入り、２回の急激な准組合員の増加段階を経て現在に至っている。

このことは、明確な加入推進活動があったことを示しているが、それは先にみたJA南るもいの事例と同様に、生活購買店舗を通じた利用者の准組合員化であった。方法も同様に、ポイントカード利用申し込みと同時に出資金（１口1,000円）を預かる形での加入である。農協としては、員外利用者の准組合員としての加入増加は、農外の一般町民が農協をサポートしてくれてい

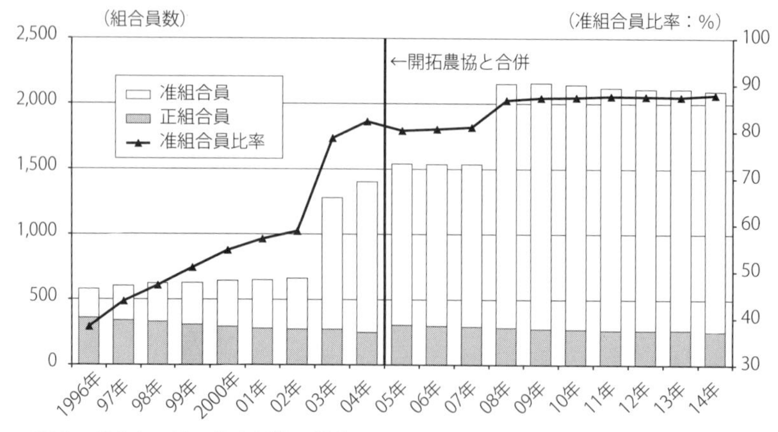

図6　JAあしょろの組合員数の推移

資料：JA北海道中央会「北海道JA要覧（各年次）」より作成

ることの表れだと考えている。

離農した正組合員についても従来通り、地域に残って准組合員になる場合がほとんどである。ただし、近年はやはり高齢のため家族を頼って他出する者も増えているという。この足寄町のように、都市部から離れた中山間地域では人口流出がそのまま従来の「正組合員から准組合員へのスムーズな移行」を妨げている要因となっている点にも留意する必要があろう。

JAあしょろでは、生活店舗を軸に准組合員化を推進した結果として、2000年代前半までの離農者や農協職員などが大宗を占める状況から、一般町民の割合の急激に増加したことによって、組合員の構成は劇的に変化したといってよい。

しかし、そのような構成員の変化に合わせて事業内容が変化することがないというのが、JAあしょろを含め、道内単協の准組合員対応の基本的特徴である。それは生活購買店舗事業や金融・共済事業など従来の員外利用者に対し、利用規制遵守のために准組合員化が図られた結果である。

（2）准組合員の事業利用状況

JA南るもいと同様に、JAあしょろの場合も、特に利用者数が多いのは生活購買店舗である。中山間地の町で、帯広市等の近隣の都市圏からの距離も離れていることもあって、Aコープは昔から地域住民の重要なインフラとして機能してきた。町の中心部の国道に面した店舗では、生鮮食料品だけではなく、服飾品や化粧品の対面販売も行っており（**写真５**参照）、小さな百貨店といった趣がある。

写真４　JAあしょろのAコープ

写真５　服飾品・化粧品も販売される

また、出入口横には休憩所（**写真６**参照）があり、利用者が気軽に立ち寄れる場となっている。Aコープの前は、町内の病院への患者輸送バスの停留所に指定されていることから、この休憩所はバスの待合としても機能している。ここにも農協と自治体・病院などとの連携による町民の暮らしに直結した地道なサービスの展開がみられる。

写真６　JAあしょろAコープ店舗入り口の休憩室

その他、JAあしょろではAコープの他に、道の駅に隣接して2012年に直売所「寄って美菜」を設置した。立地条件からも観光客を主たるターゲットとしているが、地場産野菜などを目当てに来る町民もいる。

近隣にはAコープの競合店は長らく

表７　JAあしょろにおける組合員別事業利用割合

（単位：%）

		正組合員	准組合員	員　外
信用事業	貯金（残高ベース）	39.3	37.0	23.7
	貸付金	90 以上	-	-
共済事業	掛け金ベース	63.3	24.0	12.7

資料：聞き取りにより作成

存在しなかったが、開拓農協と合併した2005年以降に新たにローカル・スーパーが進出することになった。新たな競合店が現れることによって、実際にAコープの売上は落ち、現在では年間約1,000万円もの赤字を抱えていることから、撤退することも考えられる。しかし、厳しい経営状態ではあるが、農協としては組合員の理解が得られる限り、店舗事業を継続する意向である。

経営状態は厳しいが、農協の生活購買事業はローカル・スーパーが担わない機能を果たしている点も地域から支持を得ている。それは農協が、集落や町の行事などへの仕出し・ビール等の配達を一手に引き受けてきたことである。JAあしょろ管内（足寄町）は、広大な上に、山間部の条件不利地域に住居・集落が点在している。そのため、高齢化した組合員にとっても、地域にとっても配達は重要な機能ということができる。この配達業務は店舗利用とは異なりポイントは付かず、また無償のサービスとなっている。このような役割を果たしていることが農協事業への支持に繋がっているのであり、また組合員からも不採算でも事業継続の一定の理解を得ている。

次に、**表７**によって、信用・共済事業について准組合員の事業利用割合を確認してみると、共済事業においては、掛け金ベースで６割以上が正組合員で占められている。また、貯金では、正組合員比率39.3%に対し、准組合員割合が37.0%と同等であるほか、依然として員外利用の割合も23.7%と高くなっている。

准組合員数の比率から考えれば、決してこれら金融・共済事業での准組合員の比率が高いとは言えない状況にある一方で、今後は、員外利用者の准組合員化などで、さらなる准組合員の増加の可能性も示唆された。

近年は、保険会社の出先機関が地域から撤退する中で、生命保険等の他企業の商品の相談も農協に持ち込まれることも増えているということであった。このような現状からも、採算がとりにくい中山間地域では、さらに企業が撤退することが見込まれ、結果として農協の地域内での役割は一層高まっていくと考えられる。

（3）JAあしょろにおける准組合員対応の課題

以上のように、JAあしょろでは生活購買事業が不採算部門となりつつも、店舗事業だけではなく配達業務のように、まさに地域のライフラインとしての機能を果たしている。それが准組合員となって農協をサポートしていこうという町民の期待にも繋がっているということであった。高齢化が著しく進展する地域にあって「買い物難民」の増加が危惧されるが、役場からは生活購買の移動販売の可能性について相談を受けるなど、地域全体から農協に対するさらなる期待が高まっている状況にある。

ただし、員外利用規制への対応により、農協を利用する町民の准組合員化を進めてきたとはいえ、現時点で生活購買における売上高に占める員外利用割合は依然として高い。資材購買と合わせてみることで、員外利用の問題は回避されるとしても、准組合員に対して新たな利用規制が加われば、従来のかたちでの事業の継続が困難になることは間違いない。これは正組合員が減少していく中で予想される当然の帰結である。

また、収穫祭等の町民イベントへの運営参加や行政との各種連携を踏まえた上で、JAあしょろは、地域コミュニティの基盤となっていることを自負している。従って、信用・共済事業や経済事業といった個別的な観点だけではなく、農協の担う総体的な役割を捉え、いまある農協をどう守っていくのかという観点から、農協改革を議論してもらいたいと考えている。その前提があって、単協としてもさらに町民が利用しやすい存在となるために努力をしていくことができるのである。

増加した准組合員に関して特別な対策は現時点でとってはいないが、広報誌については町民（中でも高齢者）が集まる公共施設の他、病院や整骨院、理髪店などに配布し、目にとまるようにしている。また、隣接する本別・陸別の２農協と連携協議会が組織され、そこでは事業連携という形で高齢者福祉事業（老人ホームやデイサービス）を共同で行う可能性も議論されているという。

３．JAつべつ

（１）事例概況と特徴

津別町（JAつべつ管内）は、オホーツク総合振興局の内陸部に位置し（**図７参照**）、北見市に面した北東部の平場を除けば、沢沿いに伸びる耕地によって形成される中山間地農業地域である。2014年度の販売実績67.5億円のうち、畑作４品と玉ねぎを中心とする耕種部門が約31.9億円、酪農・畜産で約35.6億円となっている。畑作経営においては、条件不利を克服するために複数戸による協業法人（５法人）が設立され、酪農部門では有機酪農に組織的に取り組み、また、農協子会社「(有) だいち」を設立し、新規就農者支援やTMRセンター事業に取り組むなど、小規模農協ながら先進的取り組みを

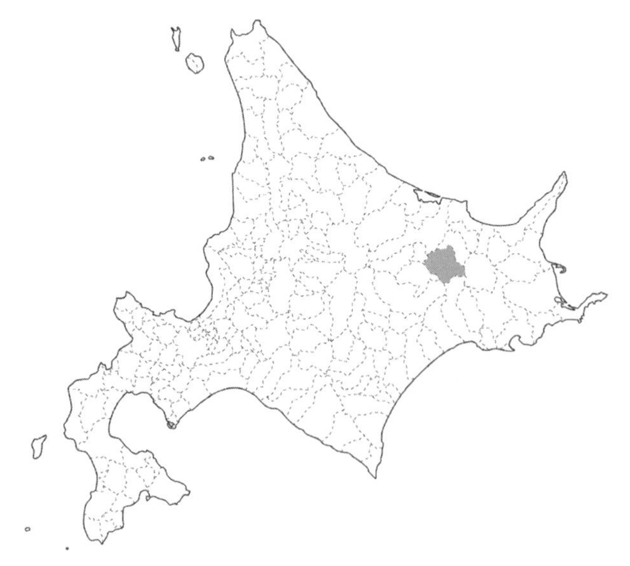

図７　津別町（JA つべつ管内）

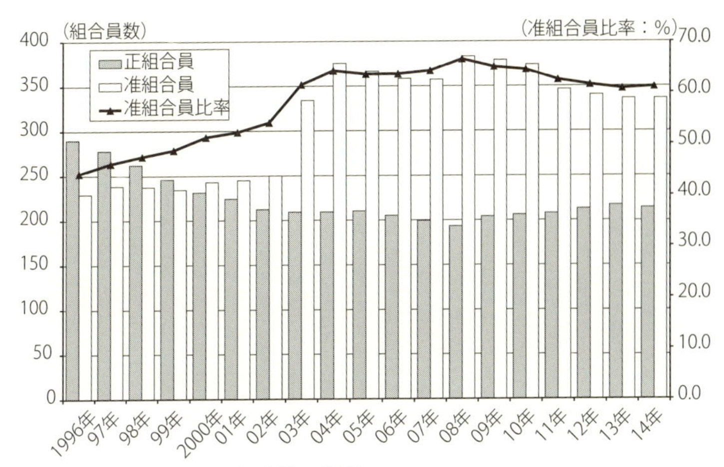

図８　JAつべつの組合員数の推移

資料：JA北海道中央会「北海道JA要覧（各年次）」より作成

数多く実施している農協である。

組合員数の状況を確認すると、2014年現在の正組合員数は214名（正組合員戸数166戸）、准組合員数は336名、総組合員数550名である。准組合員比率は61.1％と全道平均より20ポイント低く、先の２事例とは対照的である。

図８のとおり、1990年代は５割以下という水準であり、2000年代に入ってから正組合員と准組合員の数が逆転し、さらに2003年から准組合員が一度に増加している。言うまでもなく、この急増は他の事例と同様に、員外利用規制の遵守を徹底したことが原因である。

ただしJAつべつでは、この時点ですでに農協の生活店舗事業を廃止し、農協事務所に併設された店舗を民間委託して存続させていた。そのため、貯金利用者の員外から准組合員への移行推進を重点的に行った（出資金は１口2,000円）。結果として、准組合員数は増加しても、他の農協のように准組合員比率が８割を超えるような急増にはならなかったのである。

また、他の農協と決定的に異なるのは、2000年代後半以降に、正組合員数の減少に歯止めがかかり、他方で、准組合員数は減少していることである。

表８　JA つべつの准組合員（個人）の構成

（単位：人（%））

	組合員数	（割合）
組合員家族	10	（3.2）
元正組合員（離農者等）	60	（19.2）
JA 職員・OB	80	（25.6）
その他一般	163	（52.1）
合　計	313	（100.0）

資料：聞き取りにより作成

正組合員数が微増もしくは維持されているのは、町と一体となって新規参入者・後継者支援を進めるとともに、既存組合員の営農支援を充実してきた結果であり、かつ法人と個人の双方が加入しているといった背景もある（実経営体数は166戸のうち143）。このこと自体注目に値する事例である。しかし、ここで問題としている准組合員数の減少は、出資配当を支払うために准組合員の追跡調査を行い、転出や死亡した組合員を除外したために生じている。他の農協では、生活購買店舗のポイントカードとセットで加入した准組合員数が膨大であるため、ハガキでの追跡調査が困難な状況になっているが、400名弱の准組合員数であったJAつべつではそれが可能となったのである。

現在の准組合員の属性別にみた構成を**表８**により確認すると、組合員家族（後継者含む）や元正組合員（離農者）の割合は約２割で、すでに准組合員に占める元正組合員（離農者）の割合が２割以下と推定される他の農協と比較すれば、依然として高い水準にあるのは確かである。さらに農協職員・OBの割合も３割弱と高い。それでもやはり農外の一般町民の割合は５割強を占めるに至っている。このように生活購買店舗事業から撤退した農協であっても、2003年以降に員外の准組合員化を推し進めた北海道においては、一般住民の割合が高まっている状況にある。

（２）准組合員の事業利用状況

生活購買事業が廃止されているJAつべつの場合、准組合員が主に利用しているのは信用・共済事業のほか、ガソリンスタンドである。

JAつべつでは生活購買店舗を廃止しているが、農協が場所を提供している民間経営の店舗「グリーンマートつべつ」は、正組合員・准組合員はもとより員外も含めた町民全体にとって、町内唯一のスーパーとして重要な存在である。とくに自動車を運転できない高齢者にとっては、まさにライフラインということができる。津別町は隣接する北見市の市街地まで自動車で30分程度の距離にあるため、自動車があれば、気軽に北見市内まで買い物に行くことができる。しかし、高齢者など移動手段を持たない町民は、この店舗がなければ直ちに「買い物難民」と化してしまう。立地条件としても、病院や役場のほか町内各所に向かうバス停も近く、高齢者が集まりやすい場所である。

ガソリンスタンドは、農業利用も多く正組合員にとっても重要な存在であるが、准組合員の割合も年間平均で27〜30％と高い比率である。阿寒国立公園に向かう主要道路沿いにあることから観光客の利用も高く、員外利用も３割弱を占めると推計されている。このような利用状況から、仮に員外や准組合員への利用規制がかかれば、ガソリンスタンドの運営が成り立たなくなり、結果として正組合員による農業利用にも影響が出てしまう。津別町のような中山間地域においては、利用規制が直接的に農業生産にも影響を与える可能性がある一例である。

金融窓口は本所のみであるが、利用できる金融機関が限られている地域においては、信用・共済事業が一体化しているJAはさらに優位性を発揮する。津別町内にも郵便局や銀行も存在するが、貯金・保険・資金貸付・為替取引などが、一度に同じ窓口で利用できる点に、まさに総合農協の強みがある。

表9　JA つべつにおける組合員別事業利用割合

（単位：％）

		正組合員	准組合員	員　外
信用事業	貯金（残高ベース）	41	37	22
	貸付金	89	11	-
共済事業	掛け金ベース	71	14	15

資料：聞き取りにより作成

表９では、信用・共済事業の組合員別利用割合を示した。重点的に准組合員への加入促進を図った貯金においては、准組合員割合が約37％と高くなっている。近年は、0.5％の出資高配当もあって、准組合員化と合わせて貯金額も増加傾向にあるが、特に大口の准組合員には、農協の広報誌を配布するなどの対応も行っている。

その他の貸付金や共済事業では准組合員割合は１割強といった水準で、正組合員中心の事業利用となっており、これら事業で過剰に利益を上げるために准組合員化を推し進めてきたのではないことも分かる。

事業総利益に占める部門別割合でみても、JAつべつの場合、信用事業13.2％、共済事業9.6％に対して、販売事業が25.5％、購買事業26.0％、その他が25.8％となっており、このような点からも依然としてJAつべつが職能組合として存立していることが見てとれる。

（３）JAつべつにおける准組合員対応の課題

以上のように、JAつべつでは、貯金口座の開設を主とした准組合員にも出資配当を行い、また、生活購買事業は廃止したが、民間業者への店舗委託という形で地域のインフラを維持している。

このような中山間の専業農業地域では、収益性が低くとも（場合によっては採算がとれなくても）事業を継続していく農協の存在は不可欠であり、そもそも正組合員の割合が未だ高いことから准組合員が減少したとしても事業は継続していかなければならない。それを前提としても、現状の事業実績から准組合員の利用に規制がかかれば、やはり事業は縮小せざるを得ないことになり、農協の事業縮小はそのまま地域に提供している利便性を低下させることに繋がってしまう。

また、「農協は第二役場」と揶揄されることがあるが、JAつべつは自治体との良好な連携関係の下で、新規就農者支援や条件不利地域対策など営農分野でも各種先進的な取り組みを成し遂げてきた。他方で、JAあしょろと同様に、職員総出で「産業祭り」など自治体のイベントにも協力し、役場や商工会、森林組合などともに一体で地域振興に務めてきた「地域の要」である。その意味でも、農協が地域で存続を困難にするようなで改革はすべきではないといえよう。

第４節　まとめ

本章の事例でみてきたとおり、北海道では近年は、員外利用規制を遵守するため、各農協で購買事業や信用事業での「既存の利用者」に対して組合加入が促進されてきた。その結果として、旧来からの正組合員の准組合員化や都市部での事業拡大のための加入推進と相まって、准組合員が大きく増加してきたのが特徴である。

今回の事例調査の結果、准組合員に占める「元正組合員」の割合は、中山間地・沿岸部であっても１割以下～２割程度の少数に限られており、代わって、「町場の人」と呼ばれる農外の一般住民により准組合員の多くが占められている状況にある。先行研究で指摘されてきたように、離農した正組合員の大半は准組合員化している状況は今日でも変わりない。だが生活購買店舗事業を軸に准組合員の増加をみた事例で顕著なように、数としてはそれを大きく上回って、農外の町民の准組合員化が大半を占めるようになっている。また、高齢化によるリタイヤが子弟家族の流出に伴って、農協管外への転出となって現れてきたという事例もあった。

強調したいのは、やはり地域インフラとしての機能に准組合員化の契機があり、Aコープやガソリンスタンドの他、地域に根ざした金融・保険機関としての利用が多くなっていることである。また、信用・共済において、その利用割合を金額ベースでみた場合、ほとんどが正組合員を超えるシェアとはなっていない状況にある。つまり、都府県の都市農協との決定的な差として、信用・共済の利益が准組合員の利用により、販売事業などから突出して高いということはないことは明らかである。このような点からも、道内農協は准組合員比率が高いとはいえ、依然として職能組合としての性格は維持されていると言って良い。

従って、当然のことながら、営農・経済事業など本来の農協の役割をないがしろにしながら、准組合員を増加させて利益を上げているという批判は道内の多くの農協において当てはまることはないだろう。

むしろ、JA南るもい（小平店）やJAあしょろのように、生活購買店舗事業を維持している農協においては、赤字になりつつも地域の高齢者が買い物難民となることを回避するために事業を継続している事例もある。また、JAあしょろのように広大な地域を管内として抱えていることから、集落や自治体のイベント等での配達サービスを行い、地域インフラとしての利便性を高めている事例も存在する。そして、JAつべつでは、生活購買事業からは撤退したとしても、地元の民間業者に店舗を貸与することで、地域内で唯一となったスーパーを維持している場合もあり、これらも含めて地域インフラとして機能しているということができる。

さらに言えば、信用・共済事業においても、利益の出にくい小規模な支所でも金融窓口を維持している事例や、他の金融機関にはない農協の金融・保険の「総合窓口」としての優位性も確認された。また、民間企業の窓口が地域から撤退する中にあって、農協担当者が民間企業の商品の相談にも対応しているという実態も存在した。これらは利益のためだけではない目に見えない役割を農協が多面的に果たしている一例に過ぎないが、過疎化の進む地域で農協の重要性はさらに増しているといえそうだ。

地域インフラとして存立する農協の生活購買店舗等の「既存の利用者」が、そのまま准組合員に移行していったという実態に顕著であるが、道内農協においては、准組合員化を図ることで、一般住民の「利用の場」として事業を維持してきた側面が強い。その結果として、「気がついた時」には准組合員が急増していたのである。従って、今日まで急増した准組合員に対して、積極的に働きかけて事業利用以外の農協の活動に「参加」してもらうという意識は希薄であった。

本章の冒頭で示したように、全国的には准組合員に対して、「参加者」からさらには、「地域の食・農づくりの主人公」として位置づけるという議論があり、そこでは共益権の限定的な付与も検討されている。他方で、道内においては、これまでの准組合員増加の経過や、職能組合としての性格を維持し続けてきた結果から、自ずと准組合員に対して共益権の付与という考え方は存在しない。繰り返しになるが、現状では共益権よりも、まずは「利用の場」を維持していくことで、地域の生活を支えるという「公益的」な立場から、採算面では困難だとしても正・准組合員双方に対してサービスを提供しているのが実態である。

2015年11月に開催されたJA北海道大会においては、メインテーマとして「北海道550万人と共に創る『力強い農業』と『豊かな魅力ある農村』」が掲げられた。とくに大会決議事項2で定義された「サポーター550万人」は、全道民を①～④のステップに分けて、農業はもとより、農協の良き理解者＝サポーターになってもらう目標が方針として示された。

このうち①「食べる」サポーター（つまり道産品の購入者）を除き、②「利用する」サポーター、③「参加する」サポーター、④「行動する」サポーターは、准組合員となることが前提となる。ただし、ここでの③「参加する」とは、北海道の現状に即してみても、共益権の付与を意味する「運営参画」ということではなく、農協の主催する各種イベントへの参加になるであろうし、また、④「行動」するとは、農協の存在意義を「組合員」の1人として共有し、発信していく主体となるということであろう。

このように、利便性のみを求める利用者からステップアップすることで、農協の協同組合としての性格、そして諸事業を理解した「サポーター」となってもらうことを目標として設定したということは、言い換えれば、今までは意識的にそれらに取り組むことが少なかったことも一面では示している。

今後は、「気がつけば」増加していた准組合員に対して、北海道の実情に合った新たな「参加」の形を明確に示して、准組合員対策を推し進める必要があるだろう。

道民の多くが准組合員となって、本当の意味でのサポーターとなってもらうためには、Web等での情報発信はもとより、単協単位で、「組合員教育」の一環として、准組合員にも向けた勉強会やイベント等で参加の場を創り出していくことが必要となると考えられる。また、急増した准組合員への働きかけは、単協だけでは困難になることも予想されるため、中央会等の連合会を挙げて支援していく必要がある。

【注】

（注１）太田原（2014）p.59や小林（2013）p.51を参照のこと。

（注２）JA北海道中央会のWebページ（http://www.ja-hokkaido.jp/articles/）資料「規制改革会議の『農業改革に関する意見』に係るJAグループ北海道の考え方」2014年５月等を参照。

（注３）坂下（2016）p.31を参照。

（注４）第28回JA北海道大会の資料は、以下のWebページを参照。http://www.ja-hokkaido.jp/member/generalplanning/948/

（注５）2002年の総合規制改革会議の第２次答申内容については、内閣府のWebページ資料などで確認できる。

【参考引用文献】

青柳斉（2008）「農協の組合員拡大運動の問題状況と課題」『農林金融』農林中金総合研究所、第61巻第11号、28-37

青柳斉（2015）「農協法第１条の問題と改正方向」『農業と経済』昭和堂、第81巻第７号、55-63

明田作（2011）「総合JAにおけるガバナンス」『農業と経済』昭和堂、第77巻第８号、63-70

石田正昭（2014）「農業協同組合研究（第４章）」『協同組合研究の成果と課題1980-2012』（堀越芳昭・JC総研編）家の光協会、127-153

太田原高昭・田中学編著（2014）『農業団体史・農民運動史（戦後日本の食料・農業・農村第14巻）』農林統計協会

太田原高昭（2014）『農協の大義』農山漁村文化協会

北川太一（2008）『新時代の地域協同組合—教育文化活動がJAを変える—』家の光協会

北川太一（2010）『いまJAの存在価値を考える—「農協批判」を問う—』家の光協会

北出俊昭（2014）『農協は協同組合である—歴史からみた課題と展望—』筑波書房

北出俊昭（2015）「農協『解体』の狙いと特徴」『経済』新日本出版社、№238、

128-135
小林元（2013）「変貌する組合員構造とJAの対応」『JAは誰のものか―多様化する時代のJAガバナンス―』（増田佳昭編著）家の光協会、39-69
小山良太・林芙俊（2005）「員外および准組合員対応と金融・生活事業（第Ⅱ部第３章）」『農協改革への提言―北海道の内なる改革をめざして―』北海道地域農業研究所、149-171
小山良太（2013）「准組合員の動向と組合員政策」『JAは誰のものか―多様化する時代のJAガバナンス―』（増田佳昭編著）家の光協会、97-117
斉藤由理子（2015）「組合員制度を考える」『農業と経済』昭和堂、第81巻第７号、72-81
坂下明彦（2015）「北海道の准組合員分布は多様　正組合員からの移行割合はさほど高くない（農協―内なる改革に向けて―連載12）」『ニューカントリー』北海道協同組合通信社、739号、26-27
坂下明彦（2016）「金融部門で高まる准組合員利用（農協―内なる改革に向けて―連載16）」『ニューカントリー』北海道協同組合通信社、通巻743号、30-31
高田理（2011）「急増する准組合員と准組合員制度改革」『農業と経済』昭和堂、第77巻第８号、71-80
高田理（2011）「農協組合員制度改革の方向―准組合員の現状と対応方向を中心として」『大転換期の総合JA―多様性の時代における制度的課題と戦略―』（増田佳昭編）家の光協会、59-75
高田理（2015）「農協のガバナンスを考える」『農業と経済』昭和堂、第81巻第７号、82-90
福間莞爾（2015）『「規制改革会議」JA解体論への反論―世界が認めた日本の総合JA―』全国共同出版
本間正義（2014）「農協はどこへ向かうのか―JAの改革案をめぐって―」『農業と経済』昭和堂、第80巻第７号、25-33
正木卓（2015）「准組規制で共済事業は強制縮小　人口減る道内市町村で重要な役割果たす（農協―内なる改革に向けて―連載15）」『ニューカントリー』北海道協同組合通信社、742号、112-114
増田佳昭（2015a）「准組合員にどう対応するか」『JAの運営と組合員組織』（石田正昭・小林元編著）全国共同出版、149-160
増田佳昭（2015b）『准組合員とこれからのJA―農と地域を共に支えるパートナー―』家の光協会
増田佳昭（2015c）「誰のための農協改革か―農協法改正がめざすJAの将来像―」『農業と経済』昭和堂、第81巻第10号、31-36
山下一仁（2014）『農協解体』宝島社

第5章 農協監査制度改革と懸念される課題

正木　卓

第1節　はじめに

2015年８月、農業協同組合法の一部改正が参議院本会議で可決・成立した。農業協同組合法の一部改正では、単位農協が自由な経済活動を行いつつ農業所得向上に寄与すること、また連合会・中央会が単位農協の自由な経済活動を適切にサポートすることを主たる内容としている。とくに単位農協への適切なサポートを行うため、組合は株式会社に組織を変更することが可能とされており、都道府県中央会は経営相談・監査・意見の代表・総合調整を行う農協連合会に移行できるものと変更された。

この改正議論の渦中で最も大きな争点、すなわち中央会改革の「一丁目一番地」となったのが中央会における監査権の廃止である。その内容を簡単に触れると以下のようなものとなっている。改正農協監査制度では、全国中央会のJA全国監査機構により行われていた単位農協及び連合会への中央会監査義務化(注１)を廃止することと、JA全国監査機構を分離・独立させ、新たな監査法人（新法人）とすることが規定されている。単位農協は新法人または既存の監査法人によって監査を受けることとなる。こうした農協監査制度の大改革は、中央会が誕生して以来60年ぶりの動きであり、今後の農協運営において重要な意味を持つことは論を待たない。

そこで、本章では農協監査制度の改正議論の経過を踏まえた上で、法改正に伴う法律そのものの解釈を問題にしながら、現行農協監査制度と改正農協監査制度の相違点を整理し、改正農協監査制度において懸念される課題について明らかにする。また、一連の法改正は農協組織に関する一面的な理解に基づいて進められており、地域毎の農協の実態を考慮した検討が必要である。とくに、農業関連事業が力強く展開し、また小規模な農協も多く存在する北海道に与える影響と中央会の役割について検討することは極めて重要な課題である。

第２節　農協監査制度の改正議論の経過

中央会改革の「一丁目一番地」として進められた農協監査制度改革の議論は、突発的に浮上してきた問題ではない。むしろ深い議論がなされないまま着々と進められたというべき経過がみられ、それは2000年以降のいわゆる農協改革議論の動きの中に胎動がみられる。農協監査制度については、2006年３月31日に閣議決定された「規制改革・民間開放推進３ヵ年計画（再改定)」ではじめて公の議論として俎上に乗せられている。そこでは、農協の経済事業改革等の推進を「農協の監査については、平成16年の農業協同組合法改正を経て、全国農業協同組合中央会（以下「全中」という。）が一元的に実施しているが、一層の公平性、透明性を確保する観点から、全中監査の更なる第三者性の強化方策について検討する」と述べている。つまり、農協監査の公平性と透明性を確保するため、農協監査制度における更なる第３者性の強化方策について、その必要性が提起されたのである。

「規制改革・民間開放推進３ヵ年計画（再改定)」を契機とし、農協監査制度についての議論が本格化された。2007年６月22日に閣議決定された「規制改革推進のための３ヵ年計画」では、中央会監査の在り方について検討が行われている。その内容をみると、「**全中は1954年に、JAグループの独立的な総合指導機関として設立され、その役割は「全国の農業協同組合及び農業協同組合連合会の運営に関する共通の方針を確立してその普及徹底に努め、もって組合の健全な発展を図る」と定款に定めている。金融市場においては粉飾会計**

事件の多発を理由に会計監査の強化が求められており、相互扶助組織であり、かつ系統組織の形態を採用している農協においても一層の経営の透明性が求められている。JAグループ内において監査体制を構築し、その実施に努力してきた取組については一定の評価がなされるものの、今後、適切に行うべき指導と一般的に求められる監査をより一層的確に実施していくことが必要である。したがって、全中の一組織であるJA全国監査機構が実施している中央会監査について、様々な角度から、組合員、貯金者等が納得する監査の在り方について検討を行う」となっている。JAグループ内で独自の監査体制を構築し努力してきたことに対して一定の評価がされているものの、一方で指導と監査を今後より一層的確に実施していく必要性があるという点から、中央会の一組織であるJA全国監査機構が中央会監査を行うことについて懸念する議論が展開されている。

続いて2009年３月31日に閣議決定された「規制改革推進のための３か年計画（再改定)」では、農協監査制度の一層の質の向上に対する方策が示されている。「農協の監査は、全国農業協同組合中央会が指導と監査を一体的に行っている。現在、農協においては、多くの都道府県において地方銀行に次ぐ貯金シェアを誇る金融機関としてのポジションを確立しているにもかかわらず、過去には独占禁止法（私的独占の禁止及び公正取引の確保に関する法律（1947年法律第54号））上の不公正取引が指摘され、最近では員外取引制限の超過による法令違反が発覚しただけでなく、職員による不祥事も起こっており、経営の更なる透明化・健全化が求められている。さらに、今後、それぞれの業界団体の指導力の発揮が更に求められる状況にある。

以上のような状況を踏まえれば、業務監査について早急に一層の質の向上を図る必要がある。また、農林水産省は現在の監査システムについて、「指導と監査が一体となっているからこそ、必要な改善が確実に行われるとされている」との見解を示しているが、いわゆる会計監査分野についても、合併等により農協の貯金量が増加し、また金融業務の内容も高度化していること等を踏まえれば、会計の専門的技術を活用する必要性が高まっている。

したがって、農協における今後の監査については、全中が監査責任を負う中で、監査への公認会計士の帯同の拡大等公認会計士の更なる活用による会計監査の一層の質の向上、農協の全般的な事業体制をチェックするための業務監査の充実等、具体的な目標と取組スケジュールに沿って自主的かつ計画的な取組がなされるよう促す。」と述べ、独占禁止法上の不公正取引や員外取引制限の超過による法令違反、そして職員による不祥事が発生していることから、中央会監査に対して透明化・健全化が求められる状況にあると指摘されている。そのため、農協監査制度については、監査の質を向上させる必要性を取り上げつつ、公認会計士の活用を通じた質の向上と農協の全般的な事業体制をチェックするための業務監査の充実等が提案されている。

「規制改革推進のための３か年計画（再改定）」において最初に中央会監査に対する公認会計士の活用が提言されており、これを受けて2010年６月18日に閣議決定された「規制・制度改革に係る対処方針」では「**農協の役割・在り方の検討の一環として、預金者保護及び農業支援組織の適正なガバナンス確保の観点から、金融庁検査が促進されるための実効性ある方策を採る。具体的には、農協に対する金融庁（財務局）の検査体制の整備状況を踏まえつつ、金融庁が農協の信用事業の検査を円滑に実施するという観点から、例えば、預金量が一定規模以上の場合、不祥事件の再発のような法令等遵守態勢・各種リスク管理態勢等の適切性が疑われる場合等、都道府県知事の要請の必要性等を含め、金融庁（財務局）及び農林水産省が都道府県と連携して検査を行うための基準・指針等を農林水産省・金融庁が共同で作成することによって、農協検査の実効性を高める。併せて、適正なガバナンスの確保及びコンプライアンス強化に向け、農協に対する監査の独立性、客観性及び中立性の強化を図る。**」のように、中央会監査の方策として公認会計士による監査が定められている。

農協監査制度における公認会計士による監査は農林水産業・地域の活力創造本部が決定、2015年２月13日に発表した「農協改革の法制度の骨格」で具体化されており、その内容は「**会計監査については、農協が信用事業を、イコールフッティングでないといった批判を受けることなく、安定して継続でき**

るようにするため、信用事業を行う農協（貯金量200億円以上の農協）等については、信金・信組等と同様、公認会計士による会計監査を義務付ける。このため、全国中央会は、全国中央会の内部組織である全国監査機構を外出しして、公認会計士法に基づく監査法人を新設し、農協は当該監査法人又は他の監査法人の監査を受けることとなる。なお、当該監査法人は、同一の農協に対して、会計監査と業務監査の両方を行うこと（監査法人内で会計監査チームと業務監査チームを分けることを条件）が可能である。

政府は、全国監査機構の外出しによる監査法人の円滑な設立と業務運営が確保でき、農協が負担を増やさずに確実に会計監査を受けられるよう配慮する旨、規定する。また、農協監査士について、当該監査法人等における農協に対する監査業務に従事できるように配慮するとともに、公認会計士試験に合格した場合に円滑に公認会計士資格を取得できるように運用上配慮する旨、規定する。さらに、以上のような問題の迅速かつ適切な解決を図るため、関係省庁、日本公認会計士協会及び全国中央会による協議の場を設ける旨、規定する。そして、全国中央会の新組織への移行等によりその監査業務が終了する時期までは、新しい会計監査制度への移行のための準備期間として、農協は全国中央会監査か公認会計士監査のいずれかを選べることとする。」となっている。中央会は全国監査機構を外出しし、公認会計士法に基づく監査法人を新設することとしている。なお、単位農協においては新法人または既存の監査法人により監査を受けるようになっており、単位農協には監査主体を新法人か既存の監査法人のいずれかを選べる「選択権」が与えられている。

第3節　現行農協監査制度と改正農協監査制度の相違

1. 現行農協監査制度の概要

現行農協監査はJA全国監査機構により実施されており、JA全国監査機構は2000年の農業協同組合法改正に基づき、各都道府県の農業協同組合中央会が実施してきた監査事業を2002年４月に統合・設立した農業協同組合の外部

表1　JA全国監査機構による監査の実施状況

年次	監査実施単位農協数	実施率（%）	監査実施連合会数	監査機構人員（人）
2002年	671	62	47	419
2003年	620	69	70	425
2004年	723	83	72	487
2005年	843	100	66	484
2006年	811	100	66	506
2007年	767	100	61	527
2008年	742	100	62	523
2009年	716	100	61	519
2010年	714	100	64	554
2011年	712	100	61	549
2012年	708	100	61	554
2013年	699	100	60	558

資料：JA全中ホームページより引用・再作成。

監査組織である。JA全国監査機構の組織構成は後掲**図2**に示すように、中央会組織の中に組み込まれており、形式上は中央会組織の一部組織であるが、実質的には独立した性格が強い。全国監査機構の代表権は全国中央会会長ではなく中央会監査委員長にあり、そうした意味でも権限として独立性を保持しているといえる。こうした組織構成ではあるが、JA全国監査機構は中央会監査を一本化した組織として、監査を通じて単位農協・連合会の経営の健全性に貢献すること、中央会等の経営指導及び単位農協・連合会の監事監査・内部監査と連携すること、会計及び監査の専門能力と知識の向上を行動目標として展開されてきた。

表1はJA全国監査機構の監査実施状況を整理したものである。ここから、JA全国監査機構は2005年以降すべての単位農協に対しての監査を実施していることがわかる。

JA全国監査機構の監査内容は財務諸表等証明監査（以下、会計監査）と指導監査（以下、業務監査）とに分けられ、業務監査は理事会運営や業務処理など内部統制、経営管理機能の検証などを監査によって検証するものである。この点からJA全国監査機構が行う単位農協の監査は監査法人の監査とは異なり、会計監査と業務監査を同時に行う体制が整えられている。

このような現行農協監査制度の体制は、会計監査と業務監査を同時並行（一体的）で進めていく仕組みであり、また、その監査内容が中央会の内部に報告され、中央会から当該単位農協の事情に合わせた支援ができる仕組みを可能としている。これは組合員の経済的・社会的地位の向上と地域貢献を目指す農協の在り方そのものである。

2．改正農協監査制度の概要

農業協同組合法の一部改正では、中央会が単位農協の監査を行っている点と単位農協に対する監査の質の向上を図るため、改正農協監査制度を設定・実施することを定めているが、以下では改正農協監査制度の概要についてみていくこととする。

図１は改正農協監査制度の内容を示したものである。改正農協監査制度で最も重要な点は、法定監査の対象である貯金等合計額200億円以上の単位農協・連合会（信連）及び負債合計額200億円以上の連合会に対し、中央会監

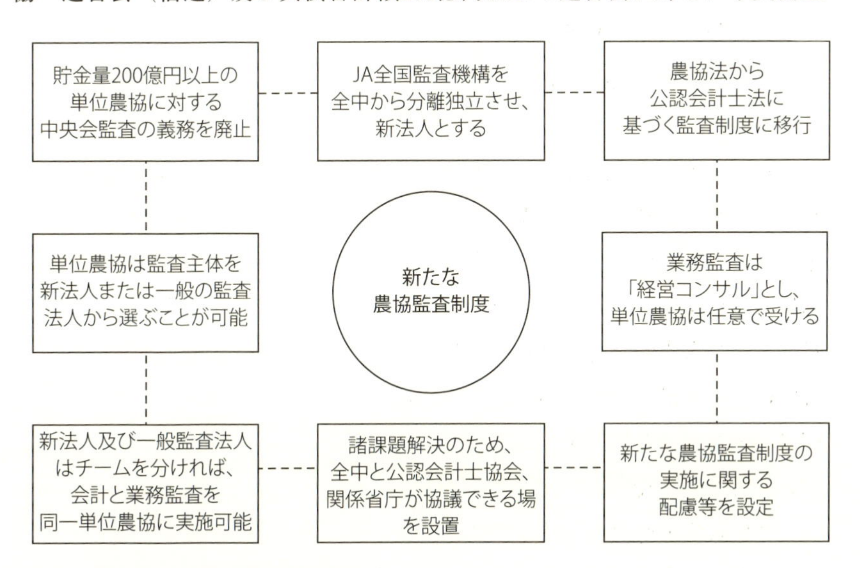

図１　新たな農協監査制度の内容

資料：筆者作成

査の義務化を廃止する点である。これについての全中の対応策として、JA全国監査機構を中央会から分離・独立させ、新法人とするとともに、法定監査対象である単位農協には新法人と既存の監査法人から監査主体を選ぶことができる選択権が与えられている。

また、新法人と既存の監査法人による監査は根拠法としては農業協同組合法であるが、既存の農業協同組合法上の監査ではなく公認会計士制度に基づく監査となる。つまり、監査の基本は財務諸表等を対象とする会計監査になるのである。しかし、新法人及び一般監査法人ともに内部でチームを分けることにより、会計及び業務監査を同一の単位農協に実施することが可能となっており、業務監査は経営コンサルティングと目され、単位農協が任意で受けるものと位置付けられる等、改正農協監査制度の下では業務監査についての比重が低下している。

その他に、政府は農業協同組合法の一部改正の附則として、改正農協監査制度の実施により、単位農協の負担が増えないようにする等、改正農協監査制度の移行に関する配慮を定めており、発生する諸課題の解決のため、中央会と公認会計士協会、行政が協議できる場を設置することを明記している(注2)。

さらに、改正農協監査制度の実施は現行農協監査制度下の監査体制の変化をもたらし、これは**図2**のように示すことができる。現行農協監査制度では、単位農協の中央会への賦課金によって監査が行われていたが、改正農協監査制度では単位農協が新法人または既存の一般法人と直接契約し監査費用を支払うことで監査が実施される仕組みである(注3)。そこで問題となるのがこれまでの中央会賦課金の扱いであり、これについては監査コストの問題とも関連させ後述することとする。

こうした制度仕組みの変化がある中で、**表2**のように北海道では48単位農協が法定監査の対象となっており、これに単位農協からの要請に基づき、北海道農協中央会(以下、北農中央会)の協議により決められている10単位農協を証明監査の対象とすると、計58単位農協が改正農協監査制度の影響を受

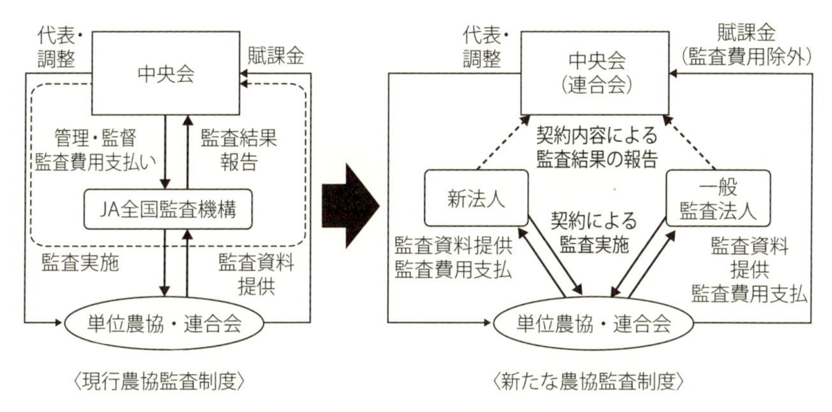

図２　農協法の一部改正による農協監査体制の変化

資料：筆者作成

表２　新たな農協監査制度における北海道農協の状況

区分	法定監査	一般監査
基準	貯金等合計額 200 億円以上及び負債合計額 200 億円以上	貯金等合計額 200 億円未満及び負債合計額 200 億円未満
監査の内容	公認会計士制度に基づく監査が義務化され、会計監査と業務監査を実施（但し、業務監査は単位農協任意）	既存のとおり、単位農協の組織、運営会計に関する監査を実施
法定監査対象単位農協数	58（うち 10 は貯金額 200 億円未満）	51

資料：JA グループ北海道（2015）「農協改革について（Ver. 3.3）」、JA 北海道中央会（2014）「JA 要覧」、JA 北海道中央会の聞き取り調査結果から作成。

注：１）貯金額 200 億円以上の単位農協数は 48 であるが、貯金額 200 億円未満の 10 単位農協が法定監査を受けている。

２）貯金等合計額 200 億円以上は単位農協及び連合会（信連）が、負債合計額 200 億円以上は連合会が対象である。

けることとなる。要請によって追加されている10単位農協は、近い将来貯金等合計額が200億円に達する農協である。これは北海道全体の単位農協の53.2%にあたるものであり、当該単位農協においては農協監査制度の変更に適応するための対策が必要となる。とはいえ、序章でも指摘されているように、貯金量からみても北海道における農協は府県のそれとは異なり未だ小規模な未合併農協が多く存在していることが改めて確認できる。

3．現行農協監査制度と改正農協監査制度との比較

以上、現行農協監査制度と改正農協監査制度の概要について整理してきた。それぞれの内容をまとめると、**表3**のように整理することができる。**表3**に基づいて現行農協監査制度と改正農協監査制度との比較を行いつつ、改正農協監査制度において懸念される課題について考えていく。

第1に、監査の実施において現行農協監査制度は農業協同組合法に、改正農協監査制度は根拠法としては農業協同組合法であるが公認会計士制度を高度に取入れている。これは農協の事業を一般企業と同様なかたちで扱い、一般企業向けの監査を行うことを意味している。農協の事業は信用・共済のみならず、経済・地域貢献等を通じて組合員の経営安定及び生活水準の向上を目指していくことを目的としているにもかかわらず、農協に一般企業と同様なかたちの監査を行うことは、農協の事業を数値のみで把握することを意味する。しかし、農協の事業には数値として現われにくい部分、すなわち社会的活動や地域貢献活動のような公共性が要求される部分が多く存在し、むしろ農村部の農協ではその比重は大きい。数値として農協事業を把握することによってそれらの推進力が弱まっていく可能性が懸念され、こうした農協としての本来の目的を薄めていく恐れがあるのである。

第2に、改正農協監査制度の下では、既存の法定監査対象である単位農協

表3　現行農協監査制度と新たな農協監査制度との比較

区分	現行農協監査制度	新たな農協監査制度
監査実施に適用される法律	農協法	公認会計士法
JA 中央会との関係	中央会監査が義務化	中央会監査義務の廃止
監査主体	JA 全国監査機構	全中から分離・独立した JA 全国監査機構（新法人）または、一般監査法人
監査内容	会計監査と業務監査を同時に実施	会計監査が基本 業務監査は単位農協の任意による

資料：筆者作成
注：法定監査を中心とする。

に対し、中央会監査の義務化が廃止されており、監査主体も既存のJA全国監査機構からJA全国監査機構が外出しした新法人と既存の監査法人から選ぶことができるとしている。しかし、ここで考えておくべきことは、監査コストの問題である。改正農協監査制度の下で、単位農協は監査コストをどのように負担していくのかが懸念される。

このように、今回の農協監査制度の改正は「公認会計士制度を高度に取入れた会計監査士監査の重視と業務監査の比重低下」と特徴づけることができる。この点から改正農協監査制度の背景には農協本来の目的を無視したまま、農協を競争原理の一環として取り扱おうとする方向性が強く見受けられ、農協の業務監査よりも会計監査を重視するという仕組みは、協同組合の社会的な使命を完全に無視し、営利重視の企業と同じ扱いにすることであり、協同組合そのものを否定することと同義である。

第４節　北海道における改正農協監査制度の課題と対策

ここでは、中央会監査制度と公認会計士監査制度の内容を踏まえ、前節で指摘した改正農協監査制度の課題とその他に懸念される課題について、府県の農協とは異なる特徴をもった北海道に焦点をあて、北農中央会の対応方向から各課題の現状を整理する。

１．中央会監査制度と公認会計士監査制度の内容

前述の通り、農業協同組合法の一部改正で想定されている改正農協監査制度は既存の中央会監査制度を公認会計士監査制度に置き換えることを主たる内容としている。以下、改正農協監査制度の課題について理解を深めるため、中央会監査制度と公認会計士監査制度の内容について触れてみたい。

表４はJAグループ北海道の資料をもとに中央会監査制度と公認会計士監査制度の内容を監査人の資格、監査人の監督、監査の独立性、監査の目的、指導との関係、に区分しまとめたものである。

表４　中央会監査制度と公認会計士監査制度の内容

区分	中央会監査制度	公認会計士監査制度
監査人の資格	農協監査士試験合格者等 （農協法に基づき全中が実施）	公認会計士試験合格者等 （公認会計士法に基づき国が実施）
監査人の監督	農林水産省が監督 JA 全国監査機構による調査・ 中央会への報告 中央会による検査・指示・指導等	公認会計士協会による調査・ 金融庁への報告 金融庁による検査・指示・ 改善命令・解散命令等
監査の独立性	利害関係がある者への業務制限 （全中内部の規定）	利害関係がある者への業務制限 （公認会計士法の規定）
監査の目的	組合員の利益確保 単位農協の健全な発展	投資家の保護
指導との関係	監査結果を中央会による 指導業務に的確に反映させるため、 監査と指導を一本的に実施	監査の独立性・公平性を確保するため、 監査と指導の同時提供は 制限

資料：JA グループ北海道（2015）「農協改革について（Ver.3.3）」より引用

（１）監査人の資格

監査人の資格は、中央会監査制度では農業協同組合法に基づき中央会が実施している農協監査士試験に合格した者にあり、公認会計士監査制度では公認会計士法に基づき国が実施している公認会計士試験に合格した者にある。

（２）監査人の監督

中央会監査制度においては農林水産省の監督の下、JA全国監査機構による監査結果が中央会に報告されており、中央会において監査結果に基づいて指導が行われている。一方、公認会計士監査制度においては、公認会計士協会により品質管理レビューが行われ、その結果は金融庁に報告される。

（３）監査の独立性

監査の独立性は双方とも利害関係がある者への業務制限を行いながら、監査の独立性を保っている点で共通しているが、異なる点はその規定の根拠である。つまり、中央会監査制度は中央会内部の規定に、公認会計士監査制度は公認会計士法の規定に基づいて利害関係者への業務制限を行っている点である。

（4）監査の目的

中央会監査制度は組合員の利益確保と単位農協の健全な発展を監査の目的としているが、公認会計士監査制度は投資家の保護が目的である。つまり、中央会監査制度は単位農協への監査を実施することで、単位農協と単位農協を構成している組合員、両方の発展を図っている。しかし、公認会計士監査制度はそうではない。公認会計士制度における会計監査は、財務諸表が適切に作成されているのかを把握し証明することが基本であり、同時にある意味で担保となる。それが投資家にとっての投資の判断材料となり、投資家の保護さらには呼び水ともなる。このように監査が持つ目的の相違が中央会監査制度と公認会計士監査制度の在り方を規定する根本的要因として考えらえる。

（5）指導と監査の関係

中央会監査制度では監査結果を中央会による指導業務に的確に反映させるため監査と指導を一本化し実施している。しかし、公認会計士監査制度の下では監査の独立性を確保するため、監査と指導の同時提供は行えないのである。

2．北海道中央会における改正農協監査制度の課題と対策

改正農協監査制度の実施において、懸念される課題とJA北海道中央会の現段階での対応方針について整理していく（**表5**）。

（1）業務監査への対応

既存の農協監査制度は会計監査後、指標上の問題が発見された場合、業務監査の結果と対比しつつ単位農協に対しての経営諸対策が可能な仕組みである。しかし、改正農協監査制度では公認会計士法に基づき、財務諸表に対する会計監査を基本としており、会計監査と業務監査を同時に行わないため、業務監査を通じた業務の中身を見るためには別途の業務監査を受けなければならない。つまり、改正農協監査制度の下では、会計監査と業務監査の同時

表5　新たな農協監査制度における課題と JA 北海道中央会の意見及び対策

懸念される課題	JA 北海道中央会の意見
業務監査への対応	・実質的に、最近 10 年の JA 全国監査機構による監査は会計監査に傾斜していたこと、法改正後も北海道中央会にて業務監査を継続することから、制度の変更による影響は少ない
中央会の 調整機能の弱化	・単位農協が監査法人と監査契約を締結する際、中央会への監査結果報告に関する項目を設けることが可能であり、単位農協は選択可能 ・中央会への監査結果報告を選択した単位農協に対し中央会は監査結果に基づいた支援が可能となることから、改正農協監査制度の導入により中央会の機能は既存のとおりである
監査コストの増加	・単位農協の監査コストが増加しないように新法人及び一般監査法人と交渉を行っていくこと ・単位農協に対し適切な事務処理を促すこと
農協監査士の位置付け	・省令で農協監査士の位置付けを保つ ・業務監査の監査士として配置・運用 ・法定監査対象外単位農協の一般監査を担当

資料：筆者作成。

実施がなくなり、会計監査を基本としつつ、業務監査は単位農協の任意とするために、業務監査についての対応が十分に担保されていない。

単位農協に対する監査において、会計監査と業務監査は財務諸表に基づいた会計監査が出口、業務監査が入口の関係にある。その出口と入口から監査が可能となることから単位農協そのものの質的に高い経営健全性が確保できているのである。

また、単位農協の事業では営農指導事業を中心に総合的事業が補完し合っているため、単純に部門別損益による数値だけでは把握できない業務もある。業務監査を抜いた公認会計士による会計監査は単位農協における事業推進の原動力を弱めていくものと懸念される。

これらの課題に対して北農中央会は、改正農協監査制度の実施による単位農協の業務監査への影響はさほど大きくないものと認識している。その理由として、業務監査は既存の通り北農中央会が実施していく点、新法人や一般法人の監査に業務監査を含めるかは単位農協が選択するものである点、JA 全国監査機構への移行後行われてきた中央会監査は、証明監査（会計監査）のみに特化してきた経過があり、本来的な業務監査は北農中央会が担ってきたこと、さらに上述した法定監査の対象にならない北海道の51単位農協に対しては、今後ともこれまで通り北農中央会が会計監査と業務監査を実施していく点を挙げている。

（２）中央会の調整機能の弱化

公認会計士監査の結果は、守秘義務に基づき外部への公開が禁止されている[注４]。これは一般企業において適用しなければならないものであり、単位農協の場合も適用される。

先述したように、中央会は単位農協の監査結果を土台に、地域や県域等に影響を及ぼす単位農協に対して様々な支援を行っている。しかし、新たな監査制度に移行することで中央会の調整機能の弱化が想定される。これにより中央会は単位農協が携わっている問題に対する支援が難しくなり、単位農協の存立へまで影響を与えることが懸念される。

北農中央会はこの課題に対し、単位農協が監査法人と監査契約を結ぶ際、中央会への監査結果を報告するという項目を設けることが可能であり、したがって、中央会が監査結果に基づいて単位農協に対する支援が可能となるためには、中央会への監査結果報告を行うように単位農協が責任をもって対応する必要があるとしている。中央会への監査結果報告を選択した単位農協に対しては、当該単位農協の監査結果が中央会に通知され、そうすることではじめて改正農協監査制度が導入されても中央会の調整機能は既存のとおり維持できることになろう。

（３）単位農協における監査コストの増加

政府は、農業協同組合法の一部改正で中央会の監査から公認会計士による監査への移行に対し、単位農協が公認会計士から監査を受ける際、実質的な負担が増加することはないように配慮するとしている。

全中資料によると、JA全国監査機構の監査コストは１組合あたり876万円であり、旅費を除いたコストは800万円である。しかし、現在の監査コストは賦課金で対応しているため1/2は連合会が負担している。つまり、単位農協の実質負担額は400万円程度である。一方、2014年日本公認会計士協会の資料によると、公認会計士の監査コストは、全規模平均で1,000万円程度であり、この金額には旅費は含まれていない。以上を踏まえ、監査コストを単純に試算してみると、公認会計士による監査の方が600万円程高く、これは改正農協監査制度下で単位農協の負担になると予想される。さらに、業務監査を希望する単位農協においては、会計監査と業務監査が同時に実施できないため、その負担はより増加するものと考えらえる。また、公認会計士の監査コストは事業規模・リスク等により差が生じることから、規模の大きい単位農協では監査コストへの負担がより増加すると判断される。つまり、地域差にともなう農協間の格差が生じる恐れがあるのである。

監査コストの増加について、北農中央会は以下２点の対策を検討している。①単位農協の監査コストが増加しないように新法人及び一般監査法人と継続的に協議していくこと、②新法人及び一般監査法人の行う証明監査は財務諸表等が適切に作成しているのかを把握することに注目し、単位農協に対し適切な事務処理を促すことの２つの対策を検討している。しかし、北農中央会は単位農協の監査コストがどの程度になるかが現段階では具体的に明確化されていないため、監査コストの増加による単位農協の負担が増えないよう、①と②を含めて様々な方向から対策を模索していくことを提示している。

（4）農協監査士の位置付け

改正農業協同組合法による中央会の法定監査義務の廃止により、法律上の農協監査士の位置付けはなくなるが、農業協同組合法施行規則（平成十七年農林水産省令第二十七号）第二百四十一条（注5）により、農協監査士の位置付けは明示された。つまり、農協監査士は今回の農業協同組合法の一部改正で削除されているものの、農業協同組合法施行規則で定められており、これは農協監査士の位置付けについての混乱を招き、農協監査士に対する明確な位置づけが必要となる。

この状況を農協監査士が業務監査に特化している点から考えると、監査チームを分けることを前提として、新法人が会計監査と業務監査の双方を実施可能であることと業務監査の実施割合が高い北海道の状況が農協監査士への対応の背景として位置づけられるのである。つまり、これは業務監査の必要性とそれを担う農協監査士の必要性、さらに公認会計士のみでは業務監査が不可能であることを、ある意味で示しているものと考えられる。

しかし、農業協同組合法施行規則で農協監査士の位置付けを定めてはいるが、具体的に現在の約500人の農協監査士をどのように活用していくのかは残された課題である。

この課題に対して北農中央会は農協監査士を業務監査において配置・運用することを一つの対策として考えている。さらに、改正農協監査制度が実施されても、法定監査対象外単位農協についての一般監査は既存のとおり農協監査士が行うという点から、これも対策の一環として考える余地があるとしている。とくに、この課題を北海道に限定してみると、北海道には法定監査対象外単位農協が51農協存在し、この単位農協に対する一般監査の実施に農協監査士を配置・運用することで、北海道における農協監査士の位置付けは明確化されるものであり、この動きは府県における農協監査士の活用（証明監査に必要な調査作業）とはことなる、北海道特有の動きとして指摘できる。

以上、改正農協監査制度における課題とそれに関わる北農中央会の対応方向について触れてきた。改正農協監査制度の実施により懸念される6つの課題に対して、北農中央会は何よりも監査コストの増加を重要な課題として認識していることがわかる。北農中央会はそれぞれの課題に対して単位農協及び監査法人と連携しながら取り組んでいくことを示しているが、北農中央会の上記対策は現時点において具体化されたものではなく、あくまでも一つの対案として協議されている段階にある。

こうした中で、改正農協監査制度に対応する北農中央会の方針は、第28回JA北海道大会において明記されている。2015年11月に行われた第28回JA北海道大会では、JAグループ北海道における改正農協監査制度に関する基本的な考え方が示されており、それに基づいて改正農協監査制度に対応していくことを明らかにしている。その内容をみると、貯金量200億円以上の公認会計士監査が義務付けられる法定監査対象単位農協への監査に対し、公認会計士（監査法人）が新たな中央会と連携を図りつつ、単位農協等の業務に精通した農協監査士を活用することを明示している。また、JAバンクとの連携により、単位農協の破たん未然防止機能を具備することと、監査コストについては、現行の中央会賦課金額を考慮して総合的に検討することを明らかにしている。一方、貯金量200億円未満の単位農協への監査に対しては、現行どおり中央会が監査事業により監査を実施し、監査費用は現行の中央会賦課金の範囲内を基本とすることを示している。ただ、小規模農協が支払う賦課金で中央会の監査事業を維持できるかは疑問が残る点である。いずれにしても、改正農協監査制度の実施において、このような考え方を示したのはJAグループ北海道が全国初である。その点から、JAグループ北海道は改正農協監査制度への対応方針を積極的に検討し取組んでいるといえる。

第５節　まとめに

本章では農協法の一部改正で大きな争点となった改正農協監査制度について、その議論の変遷と改正農協監査制度で懸念される課題と今後の対策について検討してきた。その内容を簡潔に整理すると以下の３点になる。

第１に、改正農協監査制度についての議論の変遷である。改正農協監査制度は2006年３月の「規制改革・民間開放推進３ヵ年計画（再改定）」ではじめて公の議論として提起され、2009年３月の「規制改革推進のための３か年計画（再改定）」、2010年６月の「規制・制度改革に係る対処方針」を経て、2015年２月の「農協改革の法制度の骨格」で具体化され、経過を見る限り深い議論がなされないまま着々と進められたというべき状況がみられる。

第２に、改正農協監査制度と現行農協監査制度との相違点である。改正農協監査制度では、①法定監査の対象である農協に対して中央会監査の義務化を廃止し、JA全国監査機構を中央会から分離・独立させ新法人とすること、②法定監査対象である単位農協には新法人と既存の監査法人を監査主体として選ぶことができる選択の余地が与えられていること、③監査の基本を財務諸表とする会計監査にすることの、３つが現行農協監査制度との大きな相違点である。

第３に、改正農協監査制度で懸念される課題とその対策である。その課題としては①業務監査への対応、②中央会の調整機能の弱化、③単位農協における監査コストの増加、④農協監査士の曖昧な位置付けが取り上げられる。

農協は組合員の所得・生活水準の向上及び地域社会の発展といった地域貢献を目的としており、そのため、営農指導事業を中心としつつ共済・信用・販売・購買などの各事業を通して目的達成を図っている。農協の事業はそれぞれ独立して成り立っているものではなく、事業個々が互いに連携し相互補完的に事業展開がなされる構造となっており、これを把握するためには事業の中身を含め総合的に捉える必要がある。だが、これまでみてきたように改正農協監査制度がこのような農協の事業構造を正確に把握できる仕組みになっているとは考えにくい。改正農協監査制度の下で、農協本来のあり方を維持・発展させて行けるのかが疑問であり、政府が想定している改正農協監査制度の真の意味は、農協監査を企業のそれと同等に取り扱うのみの一点に集中しているかのように考えられる。

今回の農業協同組合法の一部改正は施行日から３年６ヵ月を経過した日から適用することとなっている[注6]。つまり、改正農協監査制度の本格的な実施までは施行日から３年半という猶予期間が設けられている。法改正の本来の主旨は単協の自由な事業発展とそれによる地域農業の振興、農業所得の向上にあった。監査制度の「外出し」は北海道の実態からみるとそうした目的を果たす手段になるとは考えにくく、むしろ現場に混乱をもたらすものである。しかし賦課金の取り扱い動向を契機として、北農中央会では組織機構の再編を行い監査業務以外の業務の高度化の取り組みも見られる。そのためにも、改正農協監査制度の実施前後において、中央会・単位農協等の関係機関は緻密で幅広い視点を持って改正農協監査制度の課題と対策について十分な議論と協議を行っていくことが重要である。

監査制度の改正によって、ある意味でこれまでJA全国監査機構によって担保されてきた監査の仕組みが壊されたことになるが、北海道においては第28回農協大会の決議によって示されたように、業務監査については今後も中央会の機能として継続して取組むことが力強く表明されており、これまで通りの監査の仕組みを「系統一体制」によって担保していくことが明確化されている。こうした北海道の動きは府県への農協に与える影響も大きいものがあり、中央会賦課金の取り扱いも含めた今後の北海道の動きは、農協改革への対応の重要なファクターになるものといえる。

【注】

(注1）農業協同組合法37条の２に基づく。次に掲げる組合（政令で定める規模に達しない組合を除く。以下この条及び次条において「特定組合」という。）は、第三十六条第二項の規定により作成したものについて、監事の監査のほか、農林水産省令で定めるところにより、全国農業協同組合中央会（以下この条及び次条において「全国中央会」という。）の監査を受けなければならない。この場合において、監査を行う全国中央会は、農林水産省令で定めるところにより、監査報告を作成しなければならない。

一　第十条第一項第三号の事業を行う農業協同組合

二　農業協同組合連合会

(注2）附　則（平成二七年九月四日法律第六三号）抄

（全国農業協同組合中央会の監査から会計監査人の監査への移行に関する配慮等）

第五十条　政府は、旧農業協同組合法第三十七条の二第一項に規定する全国農業協同組合中央会の監査から新農業協同組合法第三十七条の二第三項に規定する会計監査人の監査への移行に関し、次に掲げる事項について適切な配慮をするものとする。

一　全国農業協同組合中央会において組合に対する監査の業務に従事していた公認会計士その他の者を社員とする監査法人をはじめ、公認会計士又は監査法人が、円滑に組合に対する監査の業務を移行期間の満了の日までの間に開始し、及びこれを運営することができること。

二　新農業協同組合法第三十七条の二第三項に規定する会計監査人設置組合（次号において「会計監査人設置組合」という。）が会計監査人を確実に選任できること。

三　会計監査人設置組合の実質的な負担が増加することがないこと。

四　旧農業協同組合法第七十三条の三十八第一項の規定により置かれていた農業協同組合監査士（次号において「農業協同組合監査士」という。）に選任されていた者が組合に対する監査の業務に従事することができること。

五　農業協同組合監査士に選任されていた者であって公認会計士法（昭和二十三年法律第百三号）第三条に規定する公認会計士試験に合格した者であるものが、同法第十五条第一項に規定する業務補助等の期間及び同法第十六条第一項に規定する実務補習の受講に関し、農業協同組合監査士としての実務の経験等を考慮され、円滑に公認会計士となることができること。

２　政府は、旧農業協同組合法第三十七条の二第一項に規定する全国農業協同組合中央会の監査から新農業協同組合法第三十七条の二第三項に規定する会計監査人の監査への円滑な移行を図るため、農林水産省、金融庁その他の関係行政機関、日本公認会計士協会及び全国農業協同組合中央会（存続全国中央会を含む。）による協議の場を設けるものとする。

（注３）現行の中央会賦課金は歳出に対する賦課金であり、販売割・貯金割・組合割などで徴収される。したがって、単協は毎年の賦課金額が変動することとなる。

（注４）守秘義務は公認会計士法第４章及び日本公認会計士協会「倫理規則」第１章第２条６～９項に基づく。

（注５）農業協同組合法施行規則（平成十七年農林水産省令第二十七号）

（監査事業に従事する者の資格）

第二百四十一条　平成二十七年改正法附則第十九条第二項の農林水産省令で定める資格は、次のいずれにも該当する者（以下「農業協同組合監査士」という。）であることとする。

一　存続全国中央会（平成二十七年改正法附則第二十一条第一項に規定する存続全国中央会をいう。第四項及び第五項において同じ。）が行う資格試験（次号において「農業協同組合監査士試験」という。）に合格すること。

二　農業協同組合監査士試験に合格した後、監査事業に従事する者となるのに必要な技能を修習するため、存続中央会若しくは平成二十七年改正法附則第十三条第一項に規定する組織変更後の農業協同組合連合会（次号及び第二百四十三条において「組織変更後農業協同組合連合会」という。）における平成二十七年改正法第一条の規定による改正前の法（以下「旧農業協同組合法」という。）第七十三条の二十二第一項第二号の事業を担当する部課若しくは監査事業を担当する部課（次号において「監査担当部課」という。）又は公認会計士若しくは監査法人における組合の監査を担当する部課に一年以上在籍し、組合の監査事業の実務についての補習を受けたこと。

三　次のいずれかの事務に二年以上従事したこと。

イ　存続中央会の旧農業協同組合法第七十三条の二十二第一項第二号の事業を担当する部課における旧農業協同組合監査士（旧農業協同組合法第七十三条の三十八第一項の規定により置かれていた農業協同組合監査士をいう。以下この条において同じ。）の同号の事業に関する補助若しくは組織変更後農業協同組合連合会の監査担当部課における平成二十七年改正法附則第十九条第二項の農林水産省令で定める資格を有する者の監査事業に関する補助又は公認会計士若しくは監査法人における組合の監査に関する補助の事務（前号に規定する期間と重複する期間を除く。）

ロ　存続中央会の旧農業協同組合法第七十三条の二十二第一項第二号の事業を担当する部課以外の部課における組合の経営の指導に関する事務又は組織変更後農業協同組合連合会の監査担当部課以外の部課における組合の経営に関する相談に応ずる事務

ハ　組合における貸付け、債務の保証その他の資金の運用の審査に関する事務、原価計算その他の財産分析に関する事務又は内部監査に関する事務

2　次の各号に掲げる者は、農業協同組合監査士とみなす。

一　旧農業協同組合監査士に選任されていた者

二　公認会計士であって前項第二号に該当する者

3　第一項の場合において、次の各号に掲げる者は、それぞれ当該各号に定める者とみなす。

一　平成二十七年改正法施行前に全国農業協同組合中央会が行う資格試験に合格した者　第一項第一号に該当する者

二　平成二十七年改正法施行前に全国農業協同組合中央会が行う資格試験に合格した後、旧農業協同組合監査士となるのに必要な技能を修習するため、農業協同組合中央会において、旧農業協同組合法第七十三条の二十二第一項第二号の事業を担当する部課に一年以上在籍し、組合の監査の実務についての補習を受けた者第一項第二号に該当する者

4　第一項の場合において、次の各号に掲げる期間は、それぞれ当該各号に定める期間とみなす。

一　平成二十七年改正法施行前に農業協同組合中央会において旧農業協同組合法第七十三条の二十二第一項第二号の事業を担当する部課に在籍していた期間存続中央会において同号の事業を担当する部課に在籍していた

期間

二　平成二十七年改正法施行前に農業協同組合中央会の旧農業協同組合法第七十三条の二十二第一項第二号の事業を担当する部課における旧農業協同組合監査士の同号の事業に関する補助の事務に従事していた期間　第一項第三号イに規定する事務に従事していた期間

三　平成二十七年改正法施行前に農業協同組合中央会の旧農業協同組合法第七十三条の二十二第一項第二号の事業を担当する部課以外の部課における組合の経営の指導に関する事務に従事していた期間第一項第三号ロに規定する事務に従事していた期間

５　第一項第一号の資格試験は、監査事業を行うに足る学識と経験を有する者を適格に選抜することを目的として行うものとし、その試験課目、試験方法及び受験資格は、存続全国中央会が農林水産大臣の承認を受けて定める。

６　第一項第二号の組合の監査事業の実務についての補習について必要な事項は、存続全国中央会が農林水産大臣の承認を受けて定める。

（注６）附則　（平成二七年九月四日法律第六三号）　抄

（会計監査人の設置等に関する経過措置）

第七条　この法律の施行の際現に存する農業協同組合又は農業協同組合連合会（以下「組合」という。）については、新農業協同組合法第三十六条第六項及び第七項並びに第三十七条の二第一項、第三項及び第四項の規定は、施行日から起算して三年六月を経過した日から適用し、同日前は、なお従前の例による。この場合における同条第二項の規定の適用については、同項中「前項に規定する出資組合以外の出資組合」とあるのは、「出資組合」とする。

２　出資組合（組合員又は会員に出資をさせる組合をいう。以下この項において同じ。）が前項の規定により読み替えて適用する新農業協同組合法第三十七条の二第二項の規定により会計監査人を置いた場合においては、当該出資組合については、前項の規定にかかわらず、当該会計監査人を置いた時から、新農業協同組合法第三十六条第六項及び第七項並びに第三十七条の二第一項、第三項及び第四項の規定を適用する。

【参考引用文献】

規制・制度改革委員会（2010）『規制・制度改革に係る対処方針』
規制改革会議（2007）『規制改革推進のための３ヵ年計画』
規制改革会議（2009）『規制改革推進のための３ヵ年計画（再改正）』
規制改革会議（2014）『規制改革実施計画』
規制改革・民間開放推進会議（2006）『規制改革・民間開放推進３ヵ年計画（再改

正)』
小林元(2014)「「農協改革」論の経緯を検証する―問われるこの国のかたち―」『JC総研レポート』一般社団法人JC総研、Vol.31、12-19
JAグループ北海道(2014)『北海道2014JA要覧』
JAグループ北海道(2015)「農協改革について―Ver.3.3」
自民民主党農林水産戦略調査会・農林部会農業委員会・農業生産法人に関する検討PT・新農政における農協の役割に関する検討PT・公明党農林水産部会(2014)『農協・農業委員会等に関する改革の推進について』
首相官邸(2014)『「日本再興戦略」改訂2014―未来への挑戦―』
多木誠一郎(2002)「JA監査のあり方について―中央会監査を中心にして―」『農業と経済』昭和堂、第68巻第5号、107-116
多木誠一郎(2005)『協同組合における外部監査の研究』全国協同出版
多木誠一郎(2015)「「中央会監査の廃止」と「会計監査人監査の導入」による影響:改正農協法の見直しが予定されている5年後に向けて冷静な議論を」『週刊金融財政事情』株式会社きんざい、66(17)、50-53
小関勇(2015)「農協改革に関する一試論―全国農業協同組合中央会監査の改革を中心として―」『商学集志』第85巻、115-125
正木卓(2016)「改正農協法下における農協監査制度の課題と中央会の対応―北海道を事例として―」『農業経済研究』(印刷中)
正木卓(2015)「北海道における系統農協組織の改革プランとその方向性」『農業・農協問題研究』第57号、17-30
北海道地域農業研究所(2005)『農協改革への提言―北海道の内なる改革をめざして―』(21世紀北海道の農協事業運営体制の再構築に関する調査研究)北海道地域農業研究所
日本農業新聞(2015)「[解説農協改革8]監査(1)公認会計士法に移行」
農林水産業・地域の活力創造本部(2015)『農協改革の法制度の骨格』
農林水産業・地域の活力創造本部(2014)『農林水産業・地域の活力創造プラン』
農林水産省(2014)『農協について』

第6章 米生産調整政策の展開と系統農協の役割

小池（相原）晴伴

第1節　はじめに

国は2013年12月に「農林水産業・地域の活力創造プラン」を出し、「米政策の見直し」として、行政による生産数量目標の配分の廃止、いわゆる「減反廃止」を検討している。また、16年4月には「改正農協法」が施行され、農協の事業目的に「農業所得の増大」などを掲げた農協改革が進められている。

米市場政策においては、食管制度の下で、当初は価格・流通・消費に対する介入・規制が行なわれていたが、1970年度に生産調整政策が開始されたことにより、生産に対する介入・規制も行われるようになった。生産と流通の両面における需給・価格への介入によって、市場の安定が図られてきた。その後、流通規制の緩和が進められ、食糧法の施行（1995年）、改正食糧法の施行（2004年）によって、価格・流通への介入はほとんどなくなった。その結果、市場政策として、生産調整政策だけが残った。しかし、そこからも大きく後退しようとしているのが、「減反廃止」である。

本章では、生産調整政策の展開を整理し、「減反廃止」後における系統農協の対応方向について検討することを課題とする。

第２節　生産調整政策の展開と転作の実施状況

1．食糧法下での生産調整（1996～2003年度）

1995年11月、食糧法が施行された。生産調整については、行政ルートを通した目標面積の配分、全国一律の転作助成金など、それ以前の制度が維持された。「農協食管」とよばれるシステムのなかで、系統農協は、生産者の意向を考慮して目標面積をとりまとめ、「生産調整に関する指針」を作成することになるなど、生産調整への関与が大きくなった。

生産調整の推移について**表１**によって確認しておこう。食糧法施行前の

表１　全国における米生産調整の推移（米政策改革以前）

（単位：千 ha、%）

	年度	目標面積	実施面積	転作・作物作付け				転作以外	転作/実施面積	達成率
					麦	大豆	飼料作物			
水田営農活性化対策	1993	673	713	441	66	41	101	272	61.8	105.9
	94	579	588	349	32	56	79	240	59.3	101.5
	95	660	663	384	38	35	90	279	57.9	100.5
新生産調整推進対策	96	783	787	457	50	49	102	330	58.1	100.5
	97	784	798	455	54	48	101	343	57.0	101.8
緊急生産調整推進対策	98	960	955	545	58	78	119	410	57.1	99.5
	99	960	960	541	62	77	118	419	56.4	100.0
水田農業経営確立対策	2000	960	969	557	75	86	107	412	57.5	100.9
	01	968	973	588	100	110	110	385	60.4	100.6
	02	968	978	591	103	102	111	387	60.4	101.0
	03	1,018	1,022	614	109	108	116	408	60.1	100.4
北海道	2003	134	136	112	32	12	31	24.3	82.2	101.4
宮城	03	36	37	23	3	8	7	13.9	62.2	101.7
秋田	03	44	42	29	0	9	6	13.1	68.9	95.8
福島	03	39	34	17	1	2	5	17.9	47.9	88.6
新潟	03	48	47	22	1	9	1	25.6	45.9	97.6

資料：農林水産省『水田営農活性化対策実績結果表』、同『新生産調整推進対策実績調査結果表』、同『緊急生産調整推進対策実績調査結果表』、同『水田農業経営確立対策実績調査結果表』。

注：1）1999 年度までは転作、2000 年からは作物作付け。

2）1996、97 年度の目標面積と実施面積には加工用米面積等を含む。この数値は農林水産省『米価に関する資料』（2003 年 12 月）によった。

3）目標面積は補正後のものである。

1992～94年度には、米不足のために減反が緩和されていた。しかし、94年産以降は４年連続で豊作となり、95年度以降は減反強化が続いた。実施面積は、最も緩和された94年度には58.8万haであったものが、99年度には96.0万haへと37.2万haも増加し、2003年度には102万haへとさらに6.0万haの拡大が行われた。

生産調整の強化手法としては、転作に重点が置かれた。2000年度には転作助成金が引き上げられ、麦・大豆の「本作化」が推進された。転作面積は、1994年度から2003年度にかけて26.5万ha増加した。拡大の中心は、麦、大豆、飼料作物であった。他方で、実績参入などの転作以外の増加も15.7万haと比較的多かった。

生産調整の実施状況には主な生産県によって大きな違いがみられた。2003年度における実施面積に占める転作の比率は、北海道では８割を超えており、宮城県、秋田県でも６割以上であった。これに対して福島県、新潟県では、転作は実施面積の半分以下であった。

この時期には、麦・大豆といった転作作物での減反拡大が推進されたが、そうした対応が困難な県は、転作以外の拡大による減反面積の消化や、実施面積の拡大を行わないなど、転作重視の手法は行き詰まりをみせていた。ただ、全国的には、98年度の99.5％を除いて目標を達成しており、未達成の県の分を、達成した県がカバーすることによって、全国的には生産調整はなんとか機能していた。

2．米政策改革下での生産調整（2004～09年度）

2004年４月に、改正食糧法が施行され、「米政策改革」がスタートした。「需要に即応した米づくり」が推進され、各地域で販売可能な数量だけを生産することが目指された。生産調整の手法は、減反面積配分から生産数量配分へと転換された。各地域ごとに、「地域水田農業ビジョン」を策定し、転作助成金から再編された「産地づくり交付金」の使途・単価を決定した。この交付金は、生産調整の目標達成が要件であり、一定の条件のもと転作以外にも

表２　全国における生産調整の推移（米政策改革以降）

（単位：千 ha）

	生産調整への取組			夏期における田本地の利用		転作作物				
年産	生産目標面積	主食用米作付面積	超過作付面積	転作作物	夏期前期不作付	北海道	宮城	秋田	福島	新潟
2004	1,633	1,658	25	447.7	273.7	93.0	18.5	22.0	12.9	15.4
05	1,615	1,652	37	431.1	270.2	93.2	18.2	20.2	11.5	14.8
06	1,575	1,643	68	428.1	278.8	96.2	18.7	19.2	10.9	14.8
07	1,566	1,637	71	428.6	279.8	95.0	20.4	19.0	10.7	14.3
08	1,542	1,596	54	441.0	295.5	95.8	22.4	22.0	11.0	15.0
09	1,543	1,592	49	439.5	287.2	95.9	21.5	21.2	11.0	14.3
10	1,539	1,580	41	428.5	269.5	94.9	20.8	20.1	10.7	14.3
11	1,504	1,526	22	426.8	275.4	95.7	19.9	20.6	10.4	13.9
12	1,500	1,524	24	419.6	269.4	96.1	18.4	20.5	9.4	13.2
13	1,495	1,522	27	416.7	262.3	96.3	18.9	19.6	9.5	12.7
14	1,446	1,474	28	416.3	265.0	97.1	19.8	20.4	9.3	12.4
15	1,419 *1,397	1,406	▲13 *9	417.3	269.9	97.9	20.3	20.6	9.2	12.5

資料：農林水産省「米をめぐる関係資料」、同「耕地及び作付面積統計」。
注：1）* は自主的取組参考値。
　　2）「転作作物」は原資料の「水稲以外の作付のみの作付田」のことである。

使えるものであった。

生産目標の配分については、2004～06年度までは、国、都道府県、市町村へと目標数量を配分する方式であったが、07年度に「農業者・農業団体の主体的な需給調整システム」に移行した。国・都道府県の役割は、需要量に関する情報の提供にとどまることになった。ただ、市町村段階では生産目標数量の生産者への配分が継続された。

極端な過剰在庫は解消していたが、需要の減少に応じて、生産目標面積は年々削減された。**表２**は、全国における生産調整の推移をみたものである。主食用米作付面積は、2004年の166万haから、07年の164万haへと縮小したが恒常的に生産目標面積を上回っていた。超過作付は04年産で2.5万haであったが、07年産の7.1万haまで拡大した。田の利用状況をみると、生産調整の強化にもかかわらず、転作作物は04年の44.8万haから07年の42.9万haへと縮小している。このことは、転作の拡大による生産調整の拡大が困難となったことを示している。

こうした状況に対して、政府は、2007年10月に「米緊急対策」を出し、08年度にさまざまな対策を実施し、生産調整を強力に推進した。その結果、過剰作付は08年には5.4万ha、09年には4.9万haへと減少した。転作作物、不作付は07年から08年にかけて拡大したが、09年にはいずれも縮小し、拡大は一時的であった。なお2008年からは新規需要米の制度が開始された。

主な生産県における生産調整の取組状況をみたのが、**表3**である。北海道では、継続的に生産目標を達成していた。宮城県では、07年産まで目標を若干上回っていたが、08年産以降、目標を達成するようになった。秋田県は超過作付が4万ha前後で推移していた。福島県では、目標面積が削減されたが、水稲作付が減らなかったために、超過作付が拡大した。新潟県では超過作付けが、4万ha台で推移していた。

この時期には、生産調整は、未達成の県が増加し、全国的にも十分には機能しなくなり、その限界は明らかだった。麦・大豆といった転作の拡大による生産調整の強化が限界に達した。「需要量に関する情報」については、目安なのか、強制力があるものなのか、性格が曖昧であった。また、農協に出荷しない生産者が多くなる中では、農協が生産調整を主導するには無理があった。直接販売によって販売先を確保できる農家は、減反を実施せず、生産量を確保しようとする傾向が顕著になった。

3. 農業者戸別所得補償制度の下での生産調整（2010〜13年度）

2010年に、民主党農政のもとで農業者戸別所得補償制度が導入された（10年はモデル対策、11年に本格的な実施）。米の戸別所得補償については、固定部分として1.5万円/10a、さらに販売価格の下落分を補填する変動部分が支払われることになった。生産調整の目標達成が支払いの要件となった。他方で、生産調整の目標を達成しなくても、水田活用の戸別所得補償が支払われることになった。単価は全国一律であり、麦・大豆・飼料作物は10a当たり3.5万円、米粉用・飼料用は8.0万円となった。生産調整の目標の設定につ

表３　主な生産県における米生産調整の取組状況

（単位：千 ha）

	北海道			宮城			秋田			福島			新潟		
	目標面積	主食用作付	超過作付	目標面積	主食用作付	超過作付	目標面積	主食用作付	超過作付	目標面積	主食用作付	超過作付	目標面積	主食用作付	超過作付
2004	118	118	▲0.1	78	78	0.5	87	91	4.0	75	81	6.0	109	113	4.1
05	116	116	▲0.3	78	79	0.5	88	92	3.8	73	81	7.7	110	114	4.0
06	112	112	▲0.2	76	77	0.9	87	91	4.0	70	82	12.1	109	114	4.5
07	114	112	▲1.5	73	75	1.7	87	92	4.7	69	82	13.4	111	116	4.8
08	112	111	▲1.4	71	71	▲0.1	83	87	3.9	68	81	12.4	107	111	4.6
09	113	113	▲0.9	72	72	▲0.1	82	86	4.0	68	80	12.1	107	111	4.2
10	113	112	▲0.6	72	72	▲0.3	81	82	1.6	68	79	11.3	104	109	4.4
11	109	109	▲0.4	68	66	▲1.5	78	79	0.9	63	64	0.8	104	108	3.7
12	109	109	▲0.5	70	69	▲0.3	78	79	1.0	67	66	▲0.5	103	107	4.1
13	107	107	▲0.1	71	70	▲1.0	78	79	0.6	65	66	0.4	103	107	4.3
14	104	104	▲0.1	68	68	▲0.5	76	76	0.2	64	63	▲1.3	100	105	4.9
15	102	100	▲1.7	66	64	▲2.0	73	71	▲1.7	62	62	▲0.1	98	102	4.6

資料：農林水産省資料。

いては、国、都道府県による情報提供ではなく、配分に戻った。この制度は、自民党農政となった2013年度でも「戸別所得補償」が「直接支払交付金」に名称が変更され、継続された。

この時期において生産調整はそれほど強化されなかった。主食用米作付け面積は、2010年の158万haから11年の153万haへと縮小した後、13年まで152万ha台で維持された。超過作付は減少し、2010年の4.1万haから11年以降は２万ha台となった。米への直接支払いが、生産者にとって目標達成のインセンティブとして働いたと考えられる。しかし、転作面積は全国的には縮小した（前掲**表２**）。転作作物の面積をみると、麦はあまり縮小しなかったが、大豆は大きく減少し、飼料作物は拡大した。新規需要米のうち、飼料用米は拡大したが13年に縮小し、WCS用稲は拡大した（**表４**）。

つぎに、主な生産県の動向をみてみると、主食用米の作付けについては、生産目標面積は需要動向によって変動がある（前掲**表３**）。2010～13年産にかけての転作作物の面積は、北海道では拡大しているが、宮城、秋田、福島、新潟の各県では減少している（前掲**表２**）。

この時期には、戸別所得補償制度によって交付対象の生産者が拡大したことで生産調整参加者が増えたため、過剰作付は比較的抑制された。転作作物

表４　全国における転作作物等の作付面積（水田活用の直接支払交付金の支払面積）

（単位：千 ha）

		麦	大豆	飼料作物	米粉用米	飼料用米	WCS 用稲	そば	なたね	加工用米
全国（基幹作物＋二毛作作物）	2010	166	112	96	5	15	16	31	1	38
	11	170	111	101	7	34	23	35	1	27
	12	166	105	102	6	34	25	37	1	32
	13	165	103	103	4	22	26	37	1	37
	14	167	106	102	3	34	31	35	0	48
	15	171	113	103	4	79	38	34	1	46
基幹作物のみ	2014	98	80	72	3	34	31	26	0	46
	15	99	86	72	4	79	38	25	0	44
北海道	2014	32.4	15.3	25.1	0.1	0.7	0.3	8.8	0.1	3.6
	15	32.7	17.2	25.5	0.1	2.3	0.4	8.2	0.2	3.7
宮城	2014	1.7	8.6	5.5	0.0	2.0	1.7	0.5	0.0	1.0
	15	1.7	9.8	5.5	0.0	4.9	2.1	0.5	0.0	0.8
秋田	2014	0.3	6.4	2.1	0.3	1.2	1.1	2.1	0.0	10.1
	15	0.3	7.2	2.1	0.4	2.9	1.3	2.1	0.0	10.2
福島	2014	0.2	0.7	1.4	0.0	0.9	0.8	1.9	0.0	0.5
	15	0.1	0.8	1.5	0.0	3.8	0.9	1.8	0.0	0.4
新潟	2014	0.2	4.7	0.4	1.1	0.9	0.3	1.0	0.0	6.5
	15	0.2	4.7	0.4	1.8	3.4	0.3	1.0	0.0	6.3

資料：農林水産省「農業者戸別所得補償制度の支払実績について」、同「経営所得安定対策等の支払実績について」。
注：飼料作物は WCS 用稲を除いた面積。

に補助するという方法では、減反を実施しても転作作物を作付けしない農家には交付金が支払われない。これに対して、米への直接支払は、補助が転作以外の減反方法をとった農家にも行き渡る方法であったため、減反の実効性を確保する方法として有効に機能した。この時期は、転作による拡大は完全に行き詰まりをみせ、飼料用米に重点が置かれた減反への転換期であった。

４．非主食用米に重点がおかれた生産調整（2014年度～）

2014年度から自民党農政が本格的に再開された。米の直接支払交付金については、変動部分は14年度から廃止され、固定部分は14年度から半減された後、18年度に廃止されることになった。水田活用の直接支払交付金については、麦、大豆は3.5万円/10aで維持され、飼料用米、米粉用米には最高で10.5万円の数量払いが導入された。

米政策改革の実施以降続いていた米の過剰作付が、2015年産にはじめて解消された。11年以降、超過作付は２万ha台だったが、15年産では目標を1.3万ha下回った（前掲**表２**）。米の生産が抑制されたのは、飼料用米などへの転換が進んだためである。飼料用米の作付けは3.4万haから7.9万へと前年産よりも増加した。また、麦・大豆・WCS用稲も増えた（前掲**表４**）。飼料用米の交付金が比較的高く設定されたため、主食用米よりも有利となりえたことが影響したと考えられる。

県別にみると、北海道、宮城、秋田、福島では、生産調整の目標が達成されたが、新潟では未達成のままであった（前掲**表３**）。主食用米からの転換の動向をみると、いずれの県も飼料用米が大きく拡大している。とくに宮城、福島、新潟では大きく拡大し、北海道でも増加した。このほか、北海道、宮城、秋田では大豆の拡大もみられた（前掲**表４**）。

この時期は、生産調整の実施において転作の拡大は困難となり、飼料用米など非主食用米の作付拡大に重点が置かれるようになった。従来は飼料用米については、過剰米のエサ米処理など流通対策で実施していた。それを生産調整という生産面での政策で行おうとしているという点が特徴である。

第３節　米の価格・需給・販売の動向

１．近年の価格動向

2011年３月の東日本大震災、福島第一原発事故の発生以降、米市場は非常に不安定な状態となっている。震災の前年にあたる10年産の米価は大幅に低下していたが、11年産米の価格は震災、原発事故による供給不安のなかで上昇した。生産者直売が増加し、系統農協の集荷数量が十分ではないなかで、出来秋の需要が多かったためである。翌12年産についても、供給不安が続き、卸売業者が在庫を多く確保しようとしたため、価格はさらに上昇した。しかし、外食・中食産業が購入量を減少させるなどの対応をとったこともあり、12年産の売れ行きは悪く、卸売業者は過剰在庫を抱えた。そして、13年産については、卸売業者が仕入を抑制したため、産地段階に多くの在庫が残り、価格は大幅に下落した。結局、米穀機構の買入によって過剰米の解決が図られることになった。

2014年産米の価格は暴落したが、その直接的要因は民間在庫の過剰であった。14年６月末における民間在庫の数量は220万トンであり、前年の224万トンより表面的には減少している。しかし、この他に、米穀機構による35万トンの買入があり、これを加えれば、大幅な在庫増加ということになる。

こうした不安定な市場のなかで、銘柄による価格序列は、従来とは大きく変化した。かつては、新潟コシヒカリと北海道きらら397の間に各銘柄が位置付いていた。そして、米価が全体として変動しても、銘柄による序列はほぼ維持されていた。しかし、近年こうした序列が崩れ、それぞれの銘柄をめぐる状況、例えば、家庭用か業務用かといった用途、品質・食味、産地の販売戦略などによって、銘柄ごとの価格が独自の動きをするようになった。

2014年産の米価下落の特徴は、銘柄によって下落率が大きく異なったという点である（注１）。14年産の相対取引価格の前年産に対する下落率をみると、ななつぼしが17％に対して、ゆめぴりかは10％と小さく、きらら397は29％と大きい。府県の銘柄では、新潟コシヒカリ（一般）は７％にとどまっているが、福島コシヒカリ（中通り）は36％も低下した。なお、ななつぼしの価格は、新潟コシヒカリよりも低いものの、宮城ひとめぼれ、秋田あきたこまちを上回っており、北海道米に対する評価が向上したことを示している。

２．近年の需給動向

図１によって、近年の販売実績を北海道、秋田県、新潟県についてみよう。北海道米は2011年産の販売が拡大したが、その後減少している。これに対して新潟県産米は11年産の販売が落ち込んだが、13年産にかけて拡大し、15年産にかけて縮小している。秋田県は15年産で多く伸びた。このように、年産によって販売実績、在庫量が大きく変動している（注２）。

産地ごとの販売状況は不安定であり、それは品質評価、価格水準、他の銘柄との価格バランスといった市場状況によって大きく変化する。こうしたなかで、生産調整の見直しにおいては、産地別の作付面積や生産数量をどのような方法で決めるか、その際、系統農協はどのような役割を果たすべきかが

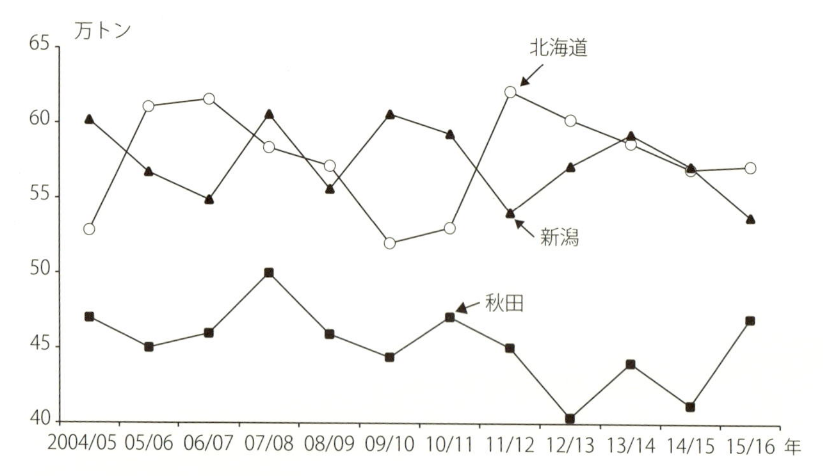

図１　米の民間需要量の推移

資料：農林水産省「米穀の需要及び価格の安定に関する基本指針」。
注：たとえば15/16は、2015年7月から2016年6月までを示す。

大きな課題となる。

米の価格は全体需給だけで決まるのではなく、時期別、用途別の需給動向が大きく影響している。出来秋の集荷状況、卸売業者の在庫確保への対応、消費者の購買行動、農家や流通業者による米価に対する予想など、さまざまな要因が関係してくる。

実際の米の取引においては、生産県の全農県本部・経済連（県連）は、農協と実需者との間に立って、さまざまな調整を行っている。そして、流通面での需給調整は段階的に行われる。県連は、収穫前に農協と出荷契約を結び、集荷量の見通しを立てる。卸売業者とは年間のおおよその販売数量の調整を行う。また、実際の集荷数量に応じて、販売先業者ごとの数量を調整し、価格の引き上げ・引き下げを行う。

米政策の全体像を再検討するときに、今後必要なことは、こうした具体的な取引過程に即して、需給・価格を安定させるために必要な課題を明らかにすることである。政府は流通規制を撤廃したが、新たな流通秩序が形成されているとはいえない。

第4節　北海道における生産調整の展開と水田作経営

1．北海道における生産調整の展開

北海道における水田作の作付けでは、1995年以降の減反強化の中で、転作作物として麦や大豆の面積が顕著に伸びた。2000年代半ば以降になると減反強化も一段落し、麦・大豆の面積にはそれほど大きな変化はみられない。

作物ごとの作付け構成が安定するなかで、現在では、それぞれの地域の条件に見合った作物構成となっている。たとえば南空知においては、米・麦・大豆を輪作するという水田輪作が広まった。また、上川中央部では、条件が悪い土地で牧草の転作を行い、条件がよい土地で水稲を作付するといったゾーニングが行われているところもある。

米の販売面では、ホクレンによる全道共販を基本とするなかで、農協ごとに産地指定を獲得し、需要に応じた品種の作付けを推進している。そのため、農協管内ごとに品種構成が大きく異なる状況となっている。米の生産においては、全体としての生産量だけでなく、品種別の生産量の調整も必要となってくるだろう。

府県では不作付けによる減反も多いが、北海道では転作作物をきちんと作付けすることによって、水田が有効に活用されている。北海道で飼料用米の作付けが府県ほどには拡大しないのは、麦・大豆などで対応できているからである。

北海道における生産目標の市町村への配分は、収量の安定性、低タンパク米比率、産地指定比率などの評価項目によって行われている。こうした基準は、良食味米産地に有利となるため、数量目標は良食味米産地へ比較的多く、食味が劣る産地には比較的少なく配分される。良食味米の生産を推進するためにこうした方法がとられてきた。

2014年11月にJAグループ北海道などが作成した「北海道水田農業ビジョン」

においては、18年産から主食用米の生産拡大を図ることが目指されている。全国における食糧基地としての北海道の役割を果たすための、積極的な対応として評価できよう。

また、北海道米の販売体制については、品種ごとにポジショニングを設定し、どういった府県産米と競合するかを強く意識したものとなっている。これまでは、良食味米生産の推進に力が入れられてきたが、今後は様々な食味の米をバランスよく生産する体制の確立が必要となろう。

2．交付金に依存する水田作経営

図2は、北海道における水田作経営の経営収支の推移（経営耕地面積10a当たり）をみたものである。2009年と10年では、稲作収入が大きく減少しているが、共済・補助金等受取金（以下、補助金受取と略）が増加したことによって、農業所得がほぼ維持されている。09年はナラシ対策、10年は米の所

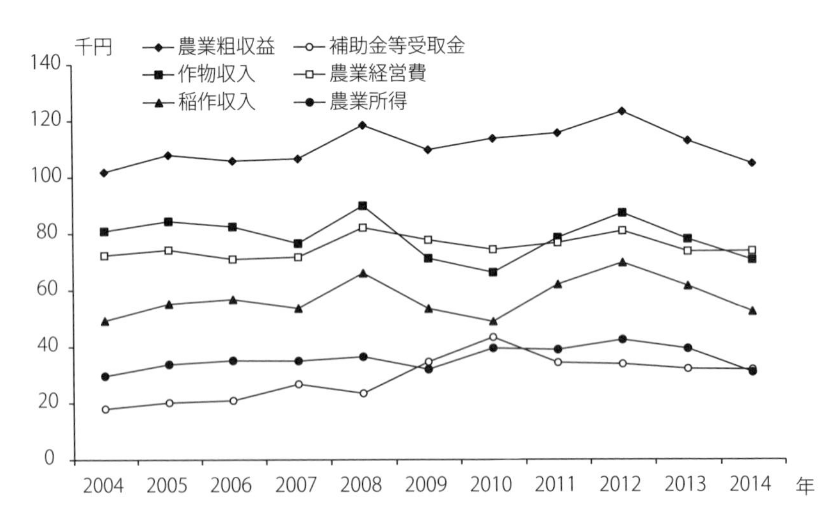

図2　北海道における水田経営の経営収支の推移（経営耕地面積10ａ当たり）

資料：農林水産省「農業経営統計調査(営農類型別経営統計(個別経営))」。
注：粗収益＝作物収入＋畜産収入＋その他（補助金等受取金を含む）。
　　農業所得＝農業粗収益－農業経営費

得補償によるものと考えられる。これらの年は、補助金受取が農業所得を上回るという状況であった。11年と12年では、米価上昇の影響で稲作収入が増加しているが農業所得はそれほど増加していない。そのなかで、補助金受取は農業所得において高い割合を占めている。水田作経営は、交付金に大きく依存しているのである。2014年には米価下落によって農業粗収益は大きく低下したが、補助金受取が増加しなかったため農業所得は大きく落ち込んだ。

３．系統農協による共同販売

北海道米の販売は、大量ロットによる低価格販売を基本としてきた。そのため、作付品種を集中させてロットを確保し、府県産米との価格差を活かして都府県の大都市部への販売に力が入れられてきた。しかし、近年状況は大きく変化している。

第１に、品種については実需者の用途（家庭用・業務用など）に応じて多様化させ、それぞれの品種特性に応じた販売戦略がとられている。きらら397、ほしのゆめ、ななつぼしの「三大銘柄」と、おぼろづき、ふっくりんこ、ゆめぴりかの「北の美食米」という構成となっている。きらら397の作付は、1996年産をピークに減少する一方で、90年代後半にほしのゆめが、2000年代にななつぼしが拡大した。ほしのゆめは05年から減少に転じ、ななつぼしは拡大を続けている。これらの品種の価格は低かったので、生産者の所得向上のためには、比較的高価格で販売できる新品種が求められた。そこで、ふっくりんこ、おぼろづき、ゆめぴりかといった「北の美食米」が登場した。

第２に、価格動向については主要銘柄の相対取引価格については、2006年産から09年産にかけて、新潟コシヒカリ、秋田あきたこまちの価格が大きく下落・変動しているのに対して、きらら397の価格は、2007、08年産は上昇し、09年産でもほぼ維持された。そのため、北海道米と府県産米との価格が接近した。しかし、2010年産の全国的な米価下落の下で北海道米の下落幅は大きかった。

第5節　おわりに―「減反廃止」をめぐる論点―

1．農協改革と米市場

改正農協法のもとでの農協改革は、米市場における系統農協の活動にも大きな影響を与えると考えられる。改革の概要は以下の通りである。

農協については、自由な経済活動を行い農業所得の向上に全力投球できるようにするとされた。そのために、事業運営原則の明確化として、農業所得の増大に最大限に配慮し、的確な事業活動で高い収益性を実現することが規定された。連合会については、農協の自由な経済活動をサポートするために、組織変更として全農・経済連は株式会社に組織変更できる規定が置かれた。こうすることで、地域の農協が農産物の有利販売などに創意工夫を活かす効果が期待されている。

ここでの取引方式は、系統農協で一般的に行われている共同販売ではなく、買取販売による有利販売が「的確」であるとされている。これまで米の集荷・販売に関して、農協・連合会は共同販売の体制のもとで品質向上、作付誘導などを行ってきた。改革がめざしているのは、農協は生産者から米を買取り、株式会社になった全農・経済連に販売するという取引の仕組みである。

こうした改革の目的は、農協と連合会との連携を分断することである。しかし、こうした取引の仕組みでは、米市場が不安定になってしまい、生産者にとっても消費者にとっても望ましくない。これまで、系統農協は共販体制によって米の安定供給に貢献してきた。全農・経済連が株式会社化すれば、その競争相手として商社が参入し、集荷・販売競争が激化することが考えられる。そうなれば、その時々の市場の状況によって価格が大きく変動し、商社などによる買い叩きがおこなわれることも考えられる。生産者、農協が市場に投げ出され、価格変動のリスクを負うことになる。農協は地域農業の発展に寄与するという重要な役割を果たすことが難しくなる。

地域の農協が独自性を発揮することはもちろん重要である。しかし、農協がばらばらに行動したのでは市場は安定せず農協は独自性も発揮できない。連合会の補完・調整があって、はじめて市場・取引が安定し独自性が発揮できる。全農・経済連が株式会社化すると、取引の安定の実現は難しい。

２．系統農協による数量調整の重要性

米市場における需給調整は、全体的、時期的、地域的、流通ルート別、品質別に分けることができる。また具体的な方法には、価格調整と数量調整の２つがある。価格調整とは、価格情報に応じて供給量を調整するという間接的な方法である。他方で、数量調整とは需要量という数量情報に応じて供給量を調整するという直接的な方法である。それぞれの需給調整の方法には、それにふさわしい流通機構があってはじめて有効に機能する。需給調整と流通機構の整合性が重要であり、整合しないと市場が混乱する。そして、政府による市場介入にも、流通面への介入と生産面への介入において整合性が重要である。

食管法の下での市場制度では、生産調整政策によって生産量が調整・抑制されるなかで、政府による計画的な流通によって時期別の流通量が規制され、価格による需給調整は副次的なものであった。しかし、食糧法の下での市場制度では流通が自由化されたため、時期別、流通ルート別、品質別の需給調整が混乱し、価格は大きく低下した。そうしたなかでも、生産量については、生産調整によって数量調整が行われてきた。いわゆる「減反廃止」は生産量についても価格調整で行おうとするものである。

米市場において、価格調整で全体需給の調整を行うのは無理であり、一定の数量調整は不可欠である。そして、系統農協は数量調整を担いうる重要な組織である。

３．「減反廃止」をめぐる論点

現在検討されているいわゆる「減反廃止」は、生産調整そのものを実施しなくなることではない。「減反廃止」についてはさまざまな方法・内容があ

りうる。そこでの論点を整理しておきたい。

第1に、もっとも重要な点は、生産者に対して数量や面積に関する何らかの数値を提示するかどうかである。

生産調整政策の開始以降現在に至るまで、生産者に対しては目標数量・面積の配分が行われてきた。2007～09年に「新たな需給調整システム」において、市町村に「需給に関する情報」が提供されるようになったときでも、農協などの生産調整方針作成者は生産者に対して配分を行っていた。そして、目標を達成することが、転作作物への助成金、米への直接支払交付金などの要件であった。

もし、数値の提示が廃止されれば、生産者は米価のほか、転作作物の価格、転作作物への交付金、畑作物への直接支払などを考慮して、それぞれの判断で、水稲の作付けを自由に決めるということになる。しかし、そうなれば、米市場に大きな混乱をもたらすのは明らかであるため、いかなる数値も提示しないという状況は考えにくい。

数値を提示するのであれば、その数値はどのような性格のものとするのか。一定の拘束力をもたせるものか、あるいは情報やガイドラインのようなゆるやかな性格のものにするのか。一定の拘束力を持たせるのであれば、どのような仕組みにするのか。こうした課題を具体的かつ詳細に検討することが必要である。

第2に、国、都道府県、市町村のそれぞれの果たす役割についてであり、上記のような数値の提示主体についてである。これまでは、国の段階で需要量の見通しから国全体の目標数量を算定し、県レベルの数量も国が決め、それを踏まえて県が市町村段階の数量を決めていた。「減反廃止」では行政による生産数量目標の配分をなくすが、国が「需給見通し」を策定するとしている。今回の改革では、国が全国のものだけを提示するようである。それでは、県レベル、市町村レベル、生産者レベルの数値はだれがどのようにして決めるのか、その際、現行のように機械的に算出するのか、販売状況を踏まえた一定の戦略的なものにするのかの検討が必要である。

県レベルでどれだけ販売可能かという判断に資する情報をもっとも持っているのは県本部・経済連である。提示する数値については、県本部・経済連の販売目標とするのか、生産者の独自販売の分をどのように取り扱うのかという点をしっかりと詰めて議論していく必要がある。

第3に、こうしたなかで系統農協の果たすべき役割についてである。米政策改革の経験から、系統農協が地域で販売可能な量を調整するというのは困難である。また、特定の産地が生産拡大を目指すにせよ、一定の全国的な調整は不可欠である。今後、ますます産地間競争が激しくなる中で、また、海外から安い米の輸入が拡大する可能性があるなかで、価格低下を避けるために、産地間で協調して対応することが重要である。

【注】

（注１）以下の数値は農林水産省「米に関するマンスリーレポート」より算出した。2014年11月の前年産同月との比較。

（注２）伊藤（2015）ではこうした状況を「ババ抜き」として表現している。

【参考引用文献】

安藤光義（2016）「水田農業政策の展開過程―価格支持から直接支払へ―」『農業経済研究』岩波書店、第88巻第１号、26-39

伊藤亮司（2015）「浮沈する産地―ブランド化の効力」『農業と経済』昭和堂、第81巻第８号、59-65

太田原高昭（2013）「稲作」『新北海道農業発達史』（北海道農業ベクトル研究会編）北海道地域農業研究所、12-133

小池（相原）晴伴（2007）「米生産調整政策による流通量調整の効果」『酪農学園大学紀要』酪農学園大学、第32巻第１号、1-6

小池（相原）晴伴（2009）「系統農協の米販売事業」『協同組合としての農協』（田代洋一編）筑波書房、111-129

小池（相原）晴伴（2010）「北海道における水田地帯の分化と転作対応」『民主党農政―政策の混迷は解消されるのか―』（梶井功編集代表・矢坂雅充編集）日本農業年報56、農林統計協会、25-36

佐伯尚美（2005a）『米政策改革（Ⅰ）迷走する改革：旧食糧法の破綻と打ち出された改革ビジョン』農林統計協会

佐伯尚美（2005b）『米政策改革（Ⅱ）再スタートする改革：新食糧法の構造とゆくえ』農林統計協会

佐伯尚美（2009）『米政策の終焉』農林統計協会
田代洋一（2014）『戦後レジームからの脱却農政』筑波書房

第7章
北海道における指定団体制度の意義と農協の役割

井上　誠司

第1節　はじめに

酪農の担い手が減少している。それに連動して、乳用牛飼養頭数や生乳生産量も減少傾向にある。最近10年間の乳用牛飼養戸数、乳用牛飼養頭数、生乳生産量の動向を示した**表1**をみながら、その実態を確認してみよう。

まず、全国の動向からみていこう。乳用牛飼養戸数は、2005年の2万7,700戸から2015年の1万7,700戸となり、この間に1万戸減少した。2005年を100とした2014年の割合は63.9％となり、10年間に36％に及ぶ農家が離農したことになる。乳用牛飼養戸数とともに乳用牛飼養頭数も減少の一途を辿っており、その数は2005年の165万5,000頭から2015年の137万1,000頭となった。同様に生乳生産量も、2005年の828万5,215トンから2014年の733万4,264トンへと減少した。2005年を100とした2014年の割合は88.5％となり、およそ10年間に1割以上も減少したことになる。

続いて、北海道の動向をみていこう。乳用牛飼養戸数は2005年の8,830戸から2015年の6,680戸となり、この間に2,150戸減少した。2005年を100とした2015年の割合は75.7％となり、全国ほど高い割合ではないが、10年間におよそ24％もの農家が離農したことになる。乳用牛飼養頭数も減少傾向にあり、その数は2005年の85万7,500頭から2015年の79万2,400頭となった。ただし、生乳生産量は380万トン前後で推移しており、減少傾向にはない。ここ10年間で、最も多かったのは2012年の393万5,224トン、最も少なかったのは2007

表1　最近10年間の乳用牛飼養戸数・乳用牛飼養頭数・生乳生産量の動向

年	全国					
	乳用牛飼養戸数		乳用牛飼養頭数		生乳生産量	
2005	27,700	100.0	1,655,000	100.0	8,285,215	100.0
2006	26,600	96.0	1,636,000	98.9	8,137,512	98.2
2007	25,400	91.7	1,592,000	96.2	8,007,417	96.6
2008	24,400	88.1	1,533,000	92.6	7,982,030	96.3
2009	23,100	83.4	1,500,000	90.6	7,910,413	95.5
2010	21,900	79.1	1,484,000	89.7	7,720,456	93.2
2011	21,000	75.8	1,467,000	88.6	7,474,309	90.2
2012	20,100	72.6	1,449,000	87.6	7,630,418	92.1
2013	19,400	70.0	1,423,000	86.0	7,508,261	90.6
2014	18,600	67.1	1,395,000	84.3	7,334,264	88.5
2015	17,700	63.9	1,371,000	82.8		

資料：乳用牛飼養戸数・乳用牛飼養頭数は「畜産統計」各年次版による。生乳生産量は、2005年～2013年が「牛乳乳製品統計調査」各年次版、2014年が「日刊酪農乳業速報」資料特集86、2015年10月、による。

注：1）各欄右側の数値は、2005年の実績を100とした場合の増減率を示している。
　　2）2015年の生乳生産量は確定していないので空欄とした。

年の379万4,892トンであり、両者の差は14万トンほどでしかない。直近の2014年は、382万209トンであった。全国同様、北海道も飼養農家数と飼養頭数が減少傾向にあり、生乳生産量も減少となる可能性があったが、北海道の生産者が道外の減少分をカバーして生産してきたため、そのような結果にはなっていない。

では、なぜ担い手の減少はこのように著しく進行しているのであろうか。北海道新聞は、2014年５月12日付け社説で、その要因を第一に「環太平洋連携協定（TPP）の参加交渉が進む中、関税引き下げで乳製品の輸入増加も懸念され、酪農家の間で先行き不安が高まっている」こと、第二に「円安による飼料や燃料費の高騰で、もともと投資額の大きい酪農経営がさらに厳しさを増していること」、第三に「20～40代の若い世代にも（中略）設備の更新や新規の投資をためらい、酪農に見切りをつける動きが加速している」ことの３点に集約して説明している。若手経営者も離農とは無縁ではないといった、最近の特徴を踏まえたもっともな意見であるといえるが、これら３点に加え、後述する不足払い法が2000年に「改正」され、補給金単価が再生産を

（単位：戸、頭、トン、％）

北海道					
乳用牛飼養戸数		乳用牛飼養頭数		生乳生産量	
8,830	100.0	857,500	100.0	3,861,171	100.0
8,590	97.3	856,100	99.8	3,799,121	98.4
8,310	94.1	836,000	97.5	3,794,892	98.3
8,090	91.6	819,400	95.6	3,905,285	101.1
7,860	89.0	823,200	96.0	3,933,712	101.9
7,690	87.1	826,800	96.4	3,901,651	101.0
7,500	84.9	827,900	96.5	3,876,030	100.4
7,270	82.3	821,900	95.8	3,935,224	101.9
7,130	80.7	806,800	94.1	3,882,542	100.6
6,900	78.1	795,400	82.8	3,820,209	98.9
6,680	75.7	792,400	92.4		

保証する水準を下回ってしまったことも、その要因の一つに含めておく必要があるだろう。

そして、前述したように、担い手の減少に連動して生乳生産量も減少傾向にある。さらに、生乳生産量の減少はその用途別配乳量に影響を与えている。具体的には、単価の高い「飲用向け」生乳が優先的に取り引きされたと同時に、単価の安い「脱脂粉乳・バター等向け」生乳の取り引きが後回しにされたため、「脱脂粉乳・バター等向け」生乳の出荷量が減少してしまったのである。社会現象となったバター不足は、このようなプロセスを経て発生した。

生乳の用途別配乳は、指定生乳生産者団体（以下、指定団体と略す）制度の下で行われてきた。つまり、これまで指定団体は、用途別の需給変動に対応し生乳生産量をコントロールしてきたのである。ところが、２年連続のバター不足が確定的となった2014年以降、指定団体の有する諸機能を問う声が頻繁に聞かれるようになってきた。端的に言えば、バター不足が発生したのは指定団体が機能不全に陥っているからだという指摘が繰り返しなされるようになったのである。その典型が、2014年４月に産業競争力会議が提起した指定団体制度不要論である。その後、2015年９月には規制改革会議が指定団体制度とバターの国家貿易の見直しを検討していることも明らかとなった。

また、2014年には、北海道の酪農業界を揺るがす二つの衝撃的な出来事が相次いで勃発した。ひとつは、４月に幕別町のT農場が生乳出荷先を指定団体から系統外のブローカーであるミルク・マーケット・ジャパン（以下、MMJと略す）へ変更したことである。もうひとつは、５月にニュージーランドに本拠を置く乳業メーカーの日本法人であるフォンテラ・ジャパンが、北海道に「低コスト生産モデル農場」を設置するとともに北海道を対象にした「酪農技術指導実施計画」を策定すると発表したことである。こうした農協系統と距離を置く二つの組織が、同時期に北海道へ進出したのであるが、これにより指定団体であるホクレン農業協同組合連合会（以下、ホクレンと略す）は、生乳受け入れサイドをMMJに、生乳出荷サイドをフォンテラ・ジャパンにそれぞれ攻撃され、二つの組織に挟み撃ちされる格好になってしまった。そして、これら二つの出来事がきっかけとなって、指定団体制度は、その機能だけでなく存在意義までもが問われるようになったのである。

こうした最近の指定団体制度を取り巻く状況を踏まえて、指定団体制度は、産業競争力会議が指摘するように機能不全に陥ってしまっているのか、あるいはそのレベルを超えて、もはや存在意義さえも失ってしまっているのか、これらの真偽を確認した上で、改めてその意義を検討することが本章の目的となる。それとともに、指定団体と協調しながら、生産者である組合員をサポートする農協の果たすべき役割についても検討する。

本章の手順は次のとおりである。本節に続く第２節では、指定団体制度の概要を把握し、これまでそれが如何なる役割を果たしてきたのか再確認する。また、実績が桁違いに大きい、北海道の指定団体が果たす特有の役割についても明らかにする。次の第３節では、2014年以降の酪農・乳業業界の動向を振り返る。政府・与党・農林水産省、乳業メーカー、農協系統の順に振り返るが、いずれも産業競争力会議が指定団体制度不要論を提起し、MMJとフォンテラ・ジャパンが北海道へ進出した2014年以降、急激に動きが慌ただしくなっていることが判明する。そして、最後の第４節では、前述したように、最近の業界の動向を踏まえた上で、指定団体の意義について再検討するとともに、それと協調しながら生産者をサポートする農協の果たすべき役割について考察してみたい。

第２節　指定団体制度の概要とその変遷

１．指定団体制度の成立とその後の変遷

（１）指定団体制度の成立

まず、指定団体制度成立の背景を確認しておこう[注１]。1961年に制定された農業基本法で選択的拡大部門の一つに位置づけられた牛乳は、この頃から生産量が急増し、需給バランスが崩れ、供給過剰となってしまった。そこで、当時、生産者と相対取引を行っていた乳業メーカーは、供給過剰を拠り所にして、同年から２カ年にわたり、１kg当たり２円に及ぶ生乳価格の値下げを要求した。一方で、生産者は概して零細規模であり、1965年センサスによると、北海道でさえ乳牛飼養農家１戸当たり平均飼養頭数は6.1頭に過ぎなかった。したがって、その要求の受け入れは、生産者にとって死活問題だったのである。以後、強者のメーカーと弱者の生産者の対立は、ますます深まっていった。

こうした状況を解消し、生乳の再生産と安定供給を確立するために、1966年に制定されたのが加工原料乳生産者補給金等暫定措置法（通称、不足払い法）である。同時に、この法律の規定に基づき、生乳流通の円滑化をはかるとともに、不利な立場にある生産者の自立性を高めるために、各都道府県に１団体ずつ設置されたのが指定団体である。北海道はホクレンがこの団体に指定されている。

さて、不足払い法に基づき補給金が交付されることになったのであるが、その対象は加工原料乳となる「脱脂粉乳・バター向け等」のみとされ、受給者には指定団体への加入が義務づけられた。１kg当たり単価は、推定生産

費から基準取引価格（国が毎年決定する実際の取引価格）を引いた額とされ、これにより生産者は、再生産が保証される基準取引価格と補給金を合計した乳代を得ることが可能になった。

また、生乳の流通は「一元集荷多元販売」といった手法で行われることになった。つまり、指定団体は、多数の生産者から生乳を集荷し、それを複数のメーカーへ販売するのである。生産者からみれば、無条件全量販売委託となる。指定団体が乳業メーカーから受け取った乳代はプールされ、そこから共販経費が差し引かれる。そして、残金は一律に設定される単価を算定基準にして生産者へ支払われる。最終的に生産者へ支払われる乳代は、これに補給金を加えた額となる。

（2）指定団体制度の変遷

指定団体に関わる法制は、これまで幾度か改正されてきた。中でも以下の３点は、大きな改正点であったといえる。その概要を以下に記しておこう。

1）指定団体の再編

前述したように、当初、指定団体は、各都道府県に１団体ずつ設置されたが、後に団体間の生産力格差や競合が生じるようになると、その再編が課題となった。そして、1998年に農林水産省畜産局長通達「指定生乳生産者団体の広域化の推進について」が公示されると、これに基づき、北海道、東北、北陸、関東、東海、近畿、中国、四国、九州、沖縄の各広域ブロックに１団体ずつ指定されることが決まった。ブロック内の団体は概ね集約され、団体数は47から10へ減少した。再編がなかったのは北海道と沖縄の２ブロックであり、北海道は引き続きホクレンが指定団体となっている。

2）不足払い法の「改正」

2000年の不足払い法「改正」に伴い、補給金単価の算出方法が変更された。具体的には、これまでの「推定生産費－基準取引価格」から「過去３年平均生産費・乳量等から算出された変化率を前年度補給金単価に乗じる」という方式になり、これまで毎年設定されてきた推定生産費に関係なく補給金単価が決定することになった。したがって、法改正後に算出された補給金単価は、「不足払い」という性格を持たないものとなり、補給金を加えた乳代は、再生産が保証される水準を満たすものとは言えなくなった。

また、推定生産費だけでなく、メーカーの保証価格を意味する基準取引価格も廃止となった。そのため、牛乳向けの乳価同様、加工原料向けの乳価も、指定団体とメーカーの交渉により決定することになった。この方法による乳価交渉は、新たな補給金単価の算出とともに、2001年より施行されている。

3）自家処理枠とプレミアム取引制度の創設

指定団体への出荷は、生産者からみれば、無条件全量販売委託となることを先に説明した。すなわち、この制度の下では、生産した生乳を指定団体に出荷せずに自ら建設したプラントで処理し、販売するなどといった行為は許されない。仮に自ら処理したいのであれば、一旦、指定団体に出荷した生乳を買い戻さなければならない。また、有機栽培飼料のみを食べさせた牛から生産した生乳など、プレミアムがあるとされる生乳を別枠で出荷するといった行為も認められない。

しかし、一部の生産者の要望に応え、限定付きではあるが、1998年にこれらの行為が認められることになった。自家処理枠とプレミアム取引制度の創設である。なお、前者の自家処理枠については、当初、1日当たり1.0トンまでとなっていたが、その後、徐々に拡大され、2012年には1.5トンまで、2014年からは3.0トンまで、生産者が自由に処理することが可能になった。

ただし、実際にこれらに取り組んでいる生産者が多いわけではない。ホクレン酪農部の調査によると、指定団体であるホクレンの2014年度における生乳販売量は373万トンであった。このうち、生乳の一部を自家処理し、残りをホクレンへ出荷した生産者は40件、自家処理された生産量は2,300トンに過ぎなかった。また、プレミアム取引を行った生産者はやや多く140件を数えた。総生産量は1.8万トンで、うち90％が大手乳業メーカーへの出荷、9％が道外移出（全農再委託）、残りの1％弱が中小プラントへの出荷または自家処理されたものであった。いずれにせよ、ホクレンの総販売量と比べると、プレミアム取引による生産量はわずかに過ぎないのが実態である。

前節でもふれたように、昨今、出荷先を指定団体からブローカーへ変更し、アウトサイダーとなった生産者がセンセーションを巻き起こしている。徐々にではあるが、その数は増加傾向にあり、例えば指定団体からMMJへ出荷先を変更した生産者は、2015年現在、8件を数え、その総生産量は2.4万トンに及んでいる。とはいえ、アウトサイダーによる生産量も、自家処理やプレミアム取引された生産量同様、決して多いわけではない。北海道で生産される生乳の圧倒的多数は、依然として指定団体へ出荷され、そこからメーカーへ共同販売されているのが現実なのである。

2. 北海道の指定団体が有する機能

（1）都府県の指定団体と共通する基本的機能

1）生乳の劣化防止

生乳は毎日生産され、腐敗しやすく、貯蔵困難な液体であるといった特性を有する。したがって、生産後、短時間でメーカーに引き取ってもらわないと有用性を失う。出荷に専念できない生産者がこれに対応するのは不可能であるが、多くの生産者から委託を受けて共同販売に専念する指定団体は、その劣化を防止し、有用性を維持した状態でメーカーへ出荷することが可能になる。

2）価格交渉力の向上

農協がメーカーと乳価交渉を行うとなれば、生産者サイドにとって不利な買手寡占による市場取引を余儀なくされる。しかし、指定団体がメーカーと乳価交渉を行えば、買い手も売り手も少数の双方寡占による市場取引が成立する。これにより生産者サイドの交渉力が向上し、生産者にとって有利な乳価の実現が期待できる。

3）輸送コストの削減

生産者または農協が個別に生乳を輸送すると、非効率で複雑な集送乳ラインが形成されてしまい、輸送コストがかさむ。そうでなくとも、液体である生乳は、専用のタンクローリーによる輸送を強いられ、他の農産物よりも輸送コストが高くなる傾向にある。ゆえに輸送コストの削減が課題となるのだが、指定団体が輸送を一手に引き受け、効率的な集送乳ラインを形成すれば、少なからずそれを削減することは可能になる。

４）唐突な受給変動に対応した出荷先の調整

何らかの突発事故の発生に伴い、常時取引のあったメーカーへの生乳販売が停止されたり、冷夏のため牛乳が売れず、メーカーが生乳の買い取りを控えるようになるなど、生産者や農協が予期せぬ事態に見舞われることがしばしばある。そうなると、生乳は供給過剰となる。出荷先が限定された農協がこうした事態に直面すると、余った生乳は廃棄しなければならなくなるが、翻って、複数のメーカーと取引を行う指定団体であれば、出荷先の調整を行うことができる。その結果、購入可能なメーカーが現れれば、生乳の廃棄は回避される。

（２）都府県の指定団体にはない特有の機能

１）用途別需給変動への対応

2014年版「牛乳乳製品統計」によると、同年の生乳処理量は、都府県が395.1万トン、北海道が355.7万トンであった。うち「牛乳等向け」処理量とそのシェアは、都府県が344.6万トン・87.2％、北海道が52.9万トン・14.9％となり、都府県が北海道を圧倒している。裏を返して言えば、北海道産生乳のおよそ85％は、脱脂粉乳、バター、チーズ、生クリームなどの原料となる乳製品向けとなっているのである。都府県のその割合はわずかに過ぎず、両者の主たる仕向け先は大きく異なる。

つまり、両者は役割を分担しているのであるが、その背景には、比較的規模が大きく競争力を有する北海道の生産者には単価の安い乳製品向けを、そうではない都府県の生産者には単価の高い飲用乳向けを中心に生産してもらい、両者の競合を避けるといったねらいがあった。単価の安い乳製品向けの生産を強いられる北海道の生産者が、不利な立場に置かれているのは否めな

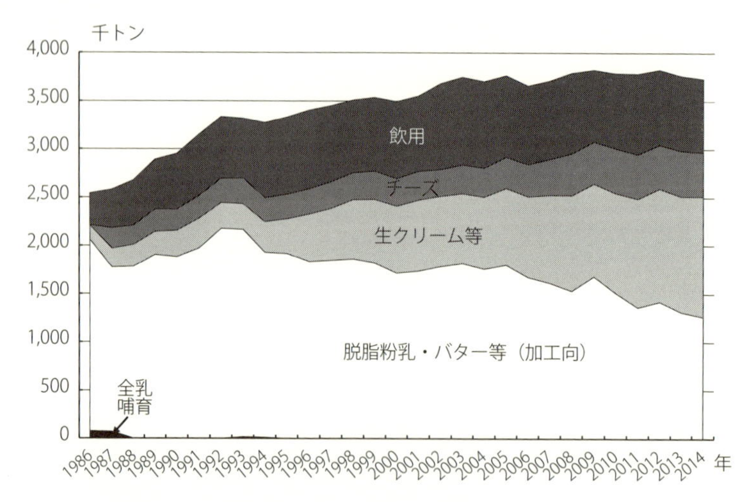

図１　北海道における生乳の用途別販売実績の推移

資料：ホクレン提供資料。

い。

ただし、見方を変えれば、北海道の生産者は、複数の用途に販売できるといった特性を有しているといえる。こうした特性が生産過剰時に長所として表面化し、これまで幾度か効力を発揮してきた。この点について、生乳の用途別販売実績の推移を示した**図１**を見ながら確認してみよう。

図１には1986年から2014年までの実績が示されているが、この間、指定団体であるホクレンは、減産計画を３回策定した。そして、その目標を果たすために、需要が減少傾向にある用途の出荷を抑制し、反対に需要が増加傾向にある用途の出荷を促進させてきた(注２)。最初の計画は1993年から1994年までで、このプランでは生乳輸送船「ホクレン丸」を活用した「飲用」向けの道外移出と、「生クリーム等向け」の拡販が主たる目標とされた。二度目の計画は2006年から2007年まで、三度目の計画は2010年から2011年までで、これら２回のプランでは「チーズ向け」と「生クリーム等向け」の拡販が主たる目標とされた。注目すべき点は、これらの目標が概ね達成されていることである。現に、図にみるように、1994年には前年比「飲用」が16万トン増の

77万9,000トン、「生クリーム等向け」が５万3,000トン増の31万9,000トン、2007年には前年比「チーズ向け」が４万トン増の37万トン、「生クリーム等向け」が7.1万トン増の91.1万トン、2011年には「チーズ向け」が前年とほぼ同様の45万9,000トン、「生クリーム等向け」が前年比9.2万トン増の112万9,000トン生産されていたのである。

一方で、需要が縮小傾向にあった「脱脂粉乳・バター等向け」は、販売実績を大幅に低下させていった。図にみるように、販売量は1986年の198万5,000トンから2014年の126万4,000トンへ減少、総販売量に占める割合は1986年の78.1％から2014年の33.5％へ縮小したのである。しかし、計画どおり、「生クリーム等向け」をはじめ、他の用途のシェアが拡大したため、この間、幾度か過剰が発生したにもかかわらず、総販売量は減少していない。その実績は、1986年の254.1万トンから2014年の373.2万トンへと、およそ120万トンも増加しているのである。2003年以降、380万トン前後で推移しており、横ばい状態となっているが、決して減少傾向にあるわけではない。

２）都府県における需給変動への対応

一般に、生乳生産量は、暑さで乳牛が食欲と体力を失う夏に減少し、そのような症状が表れない冬に増加する。一方で、生乳の需要は、暑さで人間が頻繁に水分補給を行う夏に増加し、寒い冬に減少する傾向にある。つまり、生乳は、夏の需要期に不足し、冬の不需要期に過剰になるといった、特異な性格を有する農産物なのである。

この影響をまともに受けるのが、乳牛飼養頭数に対し人口が多い都府県である。都府県における年間の生乳需給動向を示した**図２**をみながら、その現状を確認しておこう。

図２には、2014年４月から2015年３月までの各月における、都府県の１日当たり生乳生産量と牛乳向け処理量を示している。折れ線グラフで示したのが前者の生乳生産量の動向、棒グラフで示したのが後者の牛乳向け処理量の動向となる。この図によると、都府県の１日当たり生乳生産量は、１万373トンを記録した４月をピークに減少に転じ、ボトムとなる８月には9,037ト

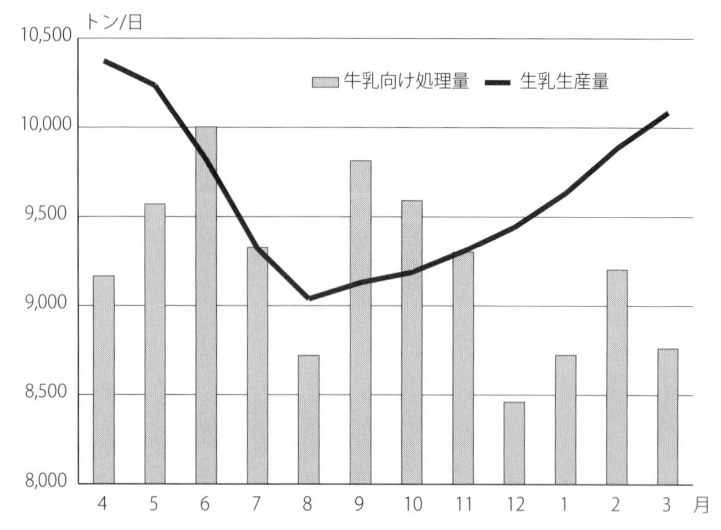

図２　都府県における生乳需給の動向（2014年４月～2015年３月）

注：各月の数値は「牛乳乳製品統計」による。

ンまで減少している。９月以降、回復するのだが、牛乳向け処理量が生乳生産量を上回った６月、７月、９月、10月の各月は、都府県産の供給量だけでは需要を満たせず、原料不足となったことが確認できる。その需給ギャップを穴埋めしたのが、指定団体であるホクレンを通じて移入した北海道産生乳である。なお、例年、猛暑に見舞われる８月は、夏休み期間と重なり、学校給食用牛乳の提供が不要となるため、処理量が減少する。よって、原料不足が問題となることはない。

さて、その後11月には需給が均衡するのだが、一転して12月以降は供給過剰の状態が続くことになる。こうした状態を放置しておくと、生乳の大量廃棄が避けられなくなるので、余った生乳はひとまず脱脂粉乳やバターに加工し、保存しておくことが求められる。しかし、北海道に比べると、都府県は大規模加工工場の立地件数が少ないといった事情を有している。そこで、乳牛飼養頭数に対し人口が少なく、多数の大規模加工工場が立地する北海道の指定団体が、都府県から生乳を移入し、それを加工することで、生乳の大量廃棄を回避しているのである。それは、同時に、都府県の需給調整の実現にも貢献することになる。

以上、みてきたように、北海道の指定団体は、夏の需要期に都府県へ生乳を移出し、都府県の「飲用向け」不足に対応するとともに、冬の不需要期に都府県から生乳を移入し、保存性の高い脱脂粉乳やバターに加工することで、生乳の大量廃棄を回避するといった役割を果たしている。こうした役割を果たすことができるのは、北海道の指定団体が、他の団体と比べて生乳取扱量が圧倒的に多く、それを捌くだけの能力を有しているからにほかならない。

第３節　2014年以降の酪農・乳業業界の動向

１．政府・与党・農林水産省

（１）無視できない産業競争力会議・規制改革会議のインパクト

冒頭でも述べたように、「離農増加→生乳生産量減少→『飲用向け』生乳出荷優先→『脱脂粉乳・バター等向け』生乳不足→バター不足」といった一連の事態が表面化すると、指定団体制度の有する機能が問われるようになってきた。つまり、バター不足が発生したのは、指定団体が機能不全に陥っているからだという指摘が頻発するようになったのである。その指摘の急先鋒となったのが、産業競争力会議である。同会議は、2014年４月、指定団体を通じて取引される生乳のみを補助金交付対象とする現行の制度を改め、それとは異なる新たな交付方式の制定を提起した。指定団体制度不要論の登場である。

その後、2015年９月になると、今度は規制改革会議が干渉してきた。農協及び農地制度に関する「改革」議論が一段落したことで、次なるターゲットを酪農に定め、酪農「改革」を今後の主要テーマの一つにすると表明したのである。その具体的な検討課題は、指定団体制度の見直しとバターの国家貿易の廃止になるといわれている。

規制改革会議は、流通の自由化と輸入の自由化を同時に進めれば、昨今、問題となっているバター不足が解消されるといった発想に基づき、指定団体制度の見直しとバターの国家貿易の廃止を推進しようとしている。この提案は過剰時の対応を軽視した暴論としかいいようがないのだが、実はその是非が議論される以前から、すでに政府・与党は、規制改革会議と軌を一にする自由化を重視した方策を策定していた。以下では、そこに至るまでのプロセスを振り返ってみたい。

（2）不足を補う緊急・追加輸入から輸入自由化の推進へ

農林水産省は、深刻化するバター及び脱脂粉乳不足に繰り返し対応してきた。順を追って、その実績を記せば、2014年５月のバター7,000トン（生乳換算8.6万トン）の緊急輸入、９月の業務用バター3,000トン（同3.7万トン）と脱脂粉乳１万トン（同6.5万トン）の追加輸入、2015年５月のバター１万トン（同12万3,400トン）と脱脂粉乳5,000トン（同３万2,400トン）の追加輸入となる。その後、2015年９月に北海道の生乳生産量が回復傾向にあることが判明すると、年度内に追加輸入は行わないと表明した。

このように農林水産省は、緊急輸入や追加輸入といった手法を用いて、バター及び脱脂粉乳不足の解消に努めてきた。しかし、先にみたように、バター不足の根本的要因は、離農の増加である。したがって、輸入よりも離農防止あるいは担い手育成に重点を置いた方策を講じた方が、より一層、効果が表れるのは言うまでもない。2015年３月に農林水産省は「酪農及び肉用牛生産の近代化を図るための基本方針」を策定しているが、この頃までの国の方策は、担い手育成を含む生産基盤の改善を通じて、バター不足を解消していこうといった特徴が前面に出ていた。現に同方針は、「担い手の育成と労働負担の軽減」、「飼養頭数減への対応」、「国産飼料基盤の確立」、「畜産クラスターの取組による畜産と地域の活性化」など、生産基盤の強化に関する取り組みがポイントとなっていた。

ところが、繰り返し緊急輸入を行ってもバター不足が解消しなかったため、それ以後に策定された方策は、手早く生乳や乳製品が入手できる自由化を前提としたものへと変化していった。その典型といえるのが、同年７月に自民党が公表した「今後の生乳流通･取引体制等のあり方について（案）」である。実際に同案をみると、「酪農家戸数や受託乳量の減少を踏まえ、遅くとも平成32年度までに指定団体の再編を実現する」､「平成28年度の取引から（中略）現在の需給動向を反映し得る生乳の入札制度の導入」を実現するなどといった流通の自由化を前提とした指針の記載が確認できる。衝撃的だったのは、同案公表からわずか３カ月後の10月に、農林水産省が自民党の方針に従い、2016年度よりバター向け生乳の一部取引に入札制度を導入すると発表したことである。

そして、流通の自由化とともに、輸入の自由化も進められていく。その一例が、10月のTPP交渉大筋合意である。周知のように、この合意に伴い、生乳換算で初年度６万トン、以後、段階的に増加の後、６年目以降７万トンの脱脂粉乳とバターの低関税輸入枠が設定されてしまった。

このように、規制改革会議が自由化議論を始める前から、政府・与党は、農林水産省を巻き込んで、生乳及び乳製品の輸入自由化を推進してきた。バター不足がその一因となっているのは間違いないが、不足しているから輸入で賄おうといったこの発想は、過剰時の事態を考慮しておらず、あまりにも安易過ぎると言わざるを得ない。コメの価格動向を振り返ってみればわかるように、市場開放により輸入量が増加すれば、供給過剰と価格下落が同時に発生する可能性が高まる。入札価格も下落するだろう。これでは生産者の不安を煽ってしまい、離農の発生をますます増加させかねない。生産基盤の強化と逆行するこのような方策は、当然ながら直ちに転換されなければならないと言えよう。

２．乳業メーカー

（１）好業績をあげる大手乳業メーカー

大手乳業メーカー各社が軒並み好業績をあげている。2015年現在、最大手の明治ホールディングスは、同年11月10日、2016年３月期連結純利益が前期比73％増の535億円になる見通しであることを発表した。期初の予想は417億円であったから、今回の予想はそれを118億円も上回ることになる。売上高も前年比４％増え、１兆2,085億円になると予想している。

こうした業績の上方修正は、株価にも影響を与えている。同社は８月６日にも過去最高益になる見通しであると発表していたが、その日の同社の株価は、一時、前日比20％高の２万1,320円まで急上昇し、上場来最高値を更新した。

森永乳業の業績も好調である。10月27日、同社は2016年３月期の連結純利益が前期比2.2倍の90億円になる見通しであると発表した。こちらも期初の予想を上回り、６期ぶりに最高益を更新する予定である。売上高は２％増の6,050億円となる見通しで、その額は従来予想を50億円も上回っている。

また、11月４日には、兄弟会社である森永製菓も、2016年３月期の連結純利益が前期比63％増の62億円となり、過去最高益を更新する見通しであることを発表した。売上高は前年比１％増の1,800億円にとどまるが、営業利益は前年比52％増の90億円に達すると予想している。

そして、雪印メグミルクも、2016年３月期の連結純利益が前期比3.6倍の140億円になる見通しであると、10月22日に発表した。これが達成されると、３期ぶりに最高益を更新することになる。売上高は３％増の5,650億円になる見通しで、森永乳業同様、期初の予想を50億円上回っている。

このように大手乳業メーカー各社は、いずれも2015年度の収益が過去最高になると予想している。しかし、主要商品の原料となる生乳の価格が、生産コストの増加、ならびに離農の増加に伴う供給量不足が相俟って上昇傾向にあり、各社の経営を取り巻く環境は、必ずしも良好であるとは言えない。事実、同年１月、ホクレンと乳業メーカー各社は、１kg当たり平均生乳価格を３円60銭値上げすることで合意した。５年連続の値上げであり、用途別にみたその価格は、値上げ幅が８％と最も大きかった「ナチュラルチーズ向けゴーダ・チェダー用」が５円アップの68円、主力の「脱脂粉乳・バター等向け」が２円アップの76円46銭、「生クリーム向け」が３円アップの81円50銭、「飲用向け」が3円アップの117円40銭となった。

これを踏まえて、各社は4月に牛乳、ヨーグルト、バター、チーズ、明治ホールディングス、森永乳業、森永製菓の3社は3月にアイスクリーム、明治ホールディングスは4月と7月にチョコレート製品、森永製菓は7月にチョコレート製品の価格を、それぞれ2～10%値上げした。その結果、増加した生乳購入コストの穴埋めが可能となった。さらには、定番商品に加え、機能性を有するヨーグルトや、訪日外国人が「爆買い」する商品の売上が伸びており、これが増収の大きな要因となっているという。以下では、その具体例をみていこう。

（2）好業績を導いたヒット商品の開発と販売促進

明治ホールディングスは、「LG21」や「R-1」といった高単価機能性ヨーグルト、訪日外国人に人気の粉ミルク「ほほえみ」、さらには美容健康食品「アミノコラーゲン」などの売上げが想定以上に伸びた。また、2014年10月発売の乳糖減・タンパク質増牛乳「ミルクでしっかりからだにチカラ」、2015年4月発売の「プリン体と戦う」乳酸菌入りヨーグルト「PA-3」などの新商品の売れ行きも好調だった。一方で、「ザバス」などのスポーツ栄養食品の売上げは、消費税増税の影響を受け一時減少したが、本年度から再び増加に転じている。さらには、低温管理チルド牛乳が中国で好評を博したことから、2013年より蘇州に建設した大規模工場で牛乳およびヨーグルトの製造を開始し、本格的に中国市場への参入も果たしている。これらの相乗効果によって、同社の売上高は想定以上に増加していったのである。

森永乳業も、ヨーグルトの売上げが予想以上に伸びている。中でも2014年9月発売の新商品「アロエベネ」と、わが国初の「水切り製法」を採用した定番商品「濃密ギリシャヨーグルト」は売れ行きが良く、品切れとなるケースが珍しくないという。また、牛乳やヨーグルトをかけて食されるグラノーラの売上げが増加しており、これが乳製品の売上げ増加の一因になっているのではないかと推測されている。その他、明治ホールディングス同様、訪日外国人によるインバウンド需要やアジア向け輸出の拡大に伴い、粉ミルクの売上げも急増している。

森永製菓は、主力のアイスクリームとチョコレート菓子の売れ行きが好調である。いずれも本年、値上げしているが、主力商品である「ダース」の味覚向上、広告の一新などといった取り組みが功を奏し、販売実績が増加している。

雪印メグミルクは、ヨーグルトとチーズの売れ行きが好調である。中でも８月に機能性表示食品として発売を開始した「恵ガゼリ菌SP株ヨーグルト」は好評で、森永乳業のヨーグルト製品同様、品切れ店が続出している。また、チーズの売上高増加に関しては、自宅で酒を飲む「宅飲み」愛好者の増加やワイン需要の拡大などが、主な要因になっていると考えられている。

（3）力量差が広がる乳業メーカーと生産者

以上みてきたように、大手乳業メーカー各社は、度重なる乳価値上げを受け入れ、さらには大規模小売店が発揮するバイイングパワーに対抗しながらも、健康食品ブームを的確に捉え、それに該当する機能性を持った乳製品の開発及び新規発売を繰り返し行い、好業績をあげることに成功した。こうしたチャレンジ精神と経営努力は、見過ごすわけにはいかない。生産者や農協も参考になるのではないかと考えられる。

しかし、その一方で、生産者は厳しい現実に直面している。確かに乳価は５年連続値上げとなったが、円安に伴い、輸入飼料、燃料、資材の価格が軒並み上昇し、その上、北海道電力が３年連続電気料金を値上げしたことから、経営コストを削減させるのが困難な状況にある。加えて、先に述べたTPP交渉の大筋合意に伴い、生乳換算で６万トン、６年目以降７万トンに及ぶ脱脂粉乳とバターの低関税輸入枠が設定された。これにより、輸入量が増加した場合、生乳の供給過剰と価格下落が避けられなくなってしまった。さらには、2016年度から、バター向け生乳の一部が入札によって取引されることになったため、供給過剰下では、不利な入札価格の決定を認めざるを得なくなってしまった。

このように生産者とメーカーとの間には、依然として歴然たる力の差がある。しかも、メーカーの経営が好調なだけに、その差はますます拡大していると考えられる。ゆえに、指定団体には、引き続きメーカーとの交渉を通じて、生産者にとって有利な乳価を決定していくことが求められているのである。

3．農協系統

（1）生産者が満足する方策の構築が求められる中央会・連合会

農林水産省同様、農協中央会・連合会も、バター及び生乳不足に対応してきた。前述したように、農林水産省は、主に輸入を通じてその解消に努めてきたが、一方で北海道の系統組織は、担い手に対し奨励金を支給するといった手法を用いて、それに対応した。バター不足の根本的要因は離農の増加であり、したがって、それを解消するには、輸入よりも離農防止や担い手育成に関わる対策を講じた方が、より効果的であることを先に指摘した。この点を踏まえれば、北海道の系統組織は、農林水産省に比べ、より課題の解消が期待できる方策を実行してきたといえる。

系統組織による奨励金の支給は、ホクレンが事業主体となった「緊急搾乳牛増頭対策事業」を通じて実施された。事業内容が公表されたのは、2014年7月である。対象者は指定団体に生乳を出荷する生産者で、認定されると、27カ月齢以上の乳牛を増頭した場合、1頭につき2万円の奨励金が取得できた。事業費は、2万5,000頭分の支給額に相当する5億円であった。

ところで、単年度事業である本事業は、2014年限りで終了する予定となっていた。しかし、2015年8月に、次年度も引き続き実施することが決定した。対象者は変更なし、1頭当たりの支給単価も2万円で変更なしとなったが、事業費は3億円に減額された。前年度実績が事業費の半分に満たない2億4,438万円（1万2,219頭分）に過ぎなかったことが、その理由とされている。そこで2015年度は、「前年度実績＋α」の達成を目指し、それに相当する

３億円が事業費として計上されたのである。

また、ホクレンは、この奨励金の支給とともに、同年から２カ年にわたって「搾乳システム改善支援事業」を通じて、機械・施設の整備に対する助成も行っている。対象者は搾乳関連機械・施設を更新または修繕した生産者で、認定されると、支出額の30％が助成金として支給される。事業費は１億円である。

中央会・連合会による対応は、これだけにとどまらない。2015年６月には、ホクレンが、アメリカ産穀物価格の下落を受け、７～８月期における配合飼料価格の値下げを決定した。これにより配合飼料の平均価格は、４～６月期と比べると、３％、１トン当たり1,700円引き下げられた。同じく６月には、ホクレンと乳業メーカー各社によって、「生クリーム向け」生乳の一部を、不足する「バター向け」生乳に切り替えて出荷するといった措置が講じられた。これにより「バター向け」生乳は、前年度比５％増の387万トンが確保できる見通しとなった。

また、系統組織で構成される北海道農協酪農・畜産対策本部が、「生クリーム向け」生乳を補給金の対象に含めるよう農林水産省へ要請することを決定したのも、同年６月である。すでにマスコミを通じて報じられたように、同年11月、自民党は、農業分野におけるTPP対策の内容を早々と公表し、「バター向け」や「チーズ向け」に加え、「生クリーム向け」生乳も補給金対象に含める予定であることを明らかにした。この迅速な対応は、TPP大筋合意の見返りではないかと噂されているが、実は繰り返し要請を行ってきた北海道の系統組織による地道な努力が、その決定に一役買っていたのである。認知度は高くないかもしれないが、この成果は高く評価されて良いだろう。

さて、これまでみてきたように、中央会・連合会は、バター不足の解消に寄与する担い手への奨励金支給をはじめとした様々な方策を講じてきた。しかし、これらの取り組みに対する生産者の評価は、必ずしも高いとは言えないようである。なぜかというと、生産者は、現状の対応に満足していないからである。端的に言えば、「もっと生産者のために対応できるだろう」という思いが､生産者の本音なのである。それを裏付けているのが､先にみた「緊急搾乳牛増頭対策事業」の2014年度の実績である。同年のその実績は、事業費の半分にも満たなかったのだが、仮に１頭当たり２万円の支給単価がもっと高い金額であったならば、状況は変わっていたかもしれない。現にその実績をみて、「１頭当たり２万円の支給じゃ少なすぎますよ。乳牛を導入しなければならないのですから、最低でも５万円支給されなければ、生産者に利益は生まれませんよ」と指摘する農協組合長もいるのである[注３]。

言うまでもなく、予算には制約があるので、一方的に生産者の要求をのむのは不可能である。しかし、限られた予算の中で、より生産者にとってメリットのある方策を構築していくことは可能であろう。それを実現させるには、中央会、連合会、農協のスタッフ、それと生産者が集まって、如何なる取り組みが求められているのか、また限られた予算の中で、どのような取り組みが実行できるのか、確認しなければならない。すでにこのような機会は設けられているのだろうが、義務的に担当スタッフが集まって、単に意見を述べあうだけでは意味がない。実効性のある方策を構築するには、実のある議論を繰り返し行っていくことが求められるのである。

（２）バラエティに富んだ方策を実行し危機に対応してきた農協

改めて説明するまでもないが、農協は、常に現場に根を下ろした形で諸事業に取り組んでいる。ゆえに、中央会や連合会などと比べると、はるかに生産者との間の距離が短く、生産者が有する諸課題や、生産者が感じ取る危機意識などをダイレクトにキャッチできる状況にある。こうした課題や危機意識を受け止め、これらに対応する酪農振興策を講じ、生産者である組合員をサポートしてきた農協がいくつか存在する。以下では、酪農業界に動揺がもたらされた2014年以降に焦点を当て、農協や関係機関によって、如何なる方策が新たに講じられてきたのか、確認してみたい。

１）新規参入者の受け入れと就農サポート

まず、新たな担い手を創出する、新規参入者の受け入れとその就農サポートに焦点を当ててみたい。新規参入者を受け入れ、就農に導く取り組みは、大きく二つに分けることができる。ひとつは、就農希望者を受け入れる組織を設置し、その組織や農家で一定期間指導を行った後、地域内での就農を認めるというパターンである。もうひとつは、離農予定者に指導を依頼し、技術習得が認められた段階で、その離農予定者から経営継承する形で就農してもらうというパターンである。

新規参入者に対する就農サポートは、当初、前者の組織を通じて行うパターンが主流を占めていた。現在もこのパターンを選択する地域は少なくなく、2014年6月に受け入れを開始した摩周湖農協や、同年7月に受け入れを開始した釧路太田農協はこれに該当する。2015年4月に標茶町農協と雪印種苗の出資によって設立された株式会社TACSしべちゃも、このパターンによるサポートに取り組んでいる。また、2015年8月には、中春別農協が育成牧場を法人化し、2017年度よりその法人で就農研修を開始する予定であることを明らかにしている。

一方で、最近、増加傾向にあるように見受けられるのが、後者の経営継承によるパターンである。先発事例である美深町のR&Rおんねないが注目を集めたこと、そして何よりも指導を行う研修施設の設置が基本的に不要であることが、その増加の要因となっているのだろう。2014年以降も、農協と市町村が連携して経営継承に関わる制度を策定したケースが、道内各地に誕生している。2014年8月に中頓別町と中頓別農協が策定した「第三者継承事業」、2015年2月に標津町と標津町農協が策定した「就農トレーナー制度」、同年4月湧別町と湧別町農協が策定した「第三者経営継承事業」などは、いずれもこのパターンに該当する。今後も、このパターンによる就農サポート体制が、道内各地に誕生するのは間違いないだろう。

2）農協出資法人による営農サポート

前述した株式会社TACSしべちゃは、酪農経営と同時に、後継者や新規参入者の育成、遊休化が懸念される農地を活用した飼料生産を行うことを目的に設立された、農協出資の農業生産法人である。同時に、就農を希望する参入者の研修・宿泊施設となる「農楽校」も、廃校となった中学校を改築して開設された。

このような酪農経営と営農サポートを同時に行う農協出資法人の設立は、道内では４事例目となる。広く知られているように、その最初の事例は、2009年に浜中町農協と地元企業の出資によって設立された株式会社酪農王国であった。その後、暫くこのような組織が設立されることはなかったが、2014年以降、同年12月に新得町農協が出資する株式会社シントクアユミルク、2015年２月に陸別町農協が出資する株式会社ユニバース、４月にTACSしべちゃと、３つの法人が次々と誕生した。さらに、2015年６月、標津町農協が2016年に農協出資法人を設立する予定であることを明らかにした。同農協によると、新設する農協出資法人は、哺育育成を主要事業とし、この事業を利用する組合員の労力軽減を果たすことが最大の目的になっているという。

３）TMRセンターの設立サポート

北海道農政部の資料によると、TMRセンターの数は、最近、頭打ちの傾向にある。直近の2013年が50組織、その前年の2012年も50組織となっており、ここ２年間、横ばいで推移している。ところが、2014年以降、新聞報道などを通じて、農協をはじめとした関係機関のサポートにより、道内各地にTMRセンターが開設されていることが明らかになった。このような現実を踏まえれば、おそらく2014年のその数は、再び増加に転じているのではないかと考えられる。

主な新設のTMRセンターを列挙しておこう。2014年10月設立の白糠F-SEED、同年12月設立のトライベツ酪農天国（厚岸町）、同年12月設立の津別町TMRセンター、同年12月稼働開始の株式会社鹿追町TMR（設立は2013年９月）、2015年１月設立の沼川TMRセンター（稚内市）、同年３月設立の幌延町農協TMRセンター（稼働開始は同年中の予定）、同年７月設立の農事組合法人アライアンス（幕別町旧忠類村、稼働開始は同年11月の予定）などがそれに該当する。

中でも注目に値するのは、白糠F-SEEDである。近隣の釧路市旧音別町や鶴居村とは異なり、農家の個別志向が強い白糠町は、共同を前提とした取り組みが、これまで軌道に乗ったことがない地域として知られていた。しかし、情勢とともに、生産者の意識も変化していったのだろう。過重労働と生産費の増加に悩まされていた生産者の一部が、その解消を目的に13戸からなるTMRセンターを設立し、組織の一員となって農業に従事していくことを決断したのである。本町におけるこのような取り組みは、危機意識が芽生え、それが高揚されれば、農家の個別志向が強い地域においても、共同化や組織化の進展が期待できることを実証していると言えよう。

4）農協独自のプレミアム乳価の設定

昨今の生乳及びバター不足の根本的要因は、離農の増加であることを、繰り返し述べてきた。高齢化、後継者がいない、債務整理など、離農の理由は様々であろうが、中には、年齢が若く、債務超過となっていないにもかかわらず、収入や所得の増加が見込めないことから将来に不安を感じ、酪農経営に見切りをつけたケースも確認できる。このような生産者が、その意思を覆して酪農経営に踏みとどまっていたならば、多少なりとも生乳生産量の減少は抑制されたと考えられる。

こうした現実を踏まえ、いくつかの農協は、独自のプレミアム乳価を設定し、増産を果たした生産者に対し、通常よりも高いプレミアム乳価で生乳を買い取るといった助成措置を講じている。これにより、少しは生産者の不満や不安が払拭され、離農の発生が抑制できるのではないかと期待しているのである。もちろん、このプレミアム乳価は、指定団体制度で認められているプレミアム取引による購入価格とは別物である。

2015年現在、プレミアム乳価を設定している農協は、天塩町農協、摩周湖農協、標茶町農協、幌延町農協の４農協である。これらの農協は、いずれもプレミアム乳価の設定期間を同年４月から３年間、支払対象者を前年よりも生乳生産乳量が上回った組合員としている点で共通している。異なっているのは１kg当たり上乗せ単価で、天塩町農協、標茶町農協、幌延町農協の３農協が10円、摩周湖農協が生産量の伸び率に応じて１～３円としている。また、幌延町農協では、肉用牛増頭農家にも奨励金を支給しており、その１頭当たり単価は２万円となっている。

以上みてきたように、農協は、生産者をサポートする様々な方策を講じてきた。本章では、新規参入者の受け入れをはじめとした４点に焦点を当てたが、これら以外にも、乳製品の製造支援、乳製品の輸出支援、消費拡大のためのイベント開催が取り組まれるなど、その実例の数は枚挙に暇がない。こうした方策が、2014年を境に手厚く講じられるようになったことも、最近の動向から明らかとなった。

もちろん、こうした営農サポートは、古くから行われてきた。中でも1995年前後から2005年前後までのおよそ10年間は、その対応が際立っていた。この時期に、規模拡大や高齢化に伴う生産者の労働力不足が問題となったのであるが、この問題に対応するために、多くの農協や関係機関が、コントラクターに代表される営農サポート組織の設立に邁進したのである（注４）。本章では、これを「第一の危機の波への対応」と位置づけたい。

その後、各地に設置された営農サポート組織が効力を発揮したことで、危機の波はやや落ち着きをみせるようになったが、2014年に状況は一変する。そもそも、担い手の不足、離農の増加、生乳生産量の減少、バターの不足といった事態に、生産者を含む業界関係者は直面していたのであるが、そこへMMJとフォンテラ・ジャパンが北海道へ進出するといった衝撃的な出来事が重なったのである。危機が輻輳して生産者や業界関係者に迫っていく構図を、想像することができよう。

先に2014年を境に農協による方策が手厚く講じられるようになったことを述べたが、その背景にはこのような輻輳した危機の来襲といった事情が存在していたのである。換言すれば、現在、農協は、「第二の危機の波への対応」に専心している最中だということである。こうした危機対応を通じて、地域農業の存続に貢献する農協の存在意義を、われわれ農業関係者はもっとPRしなければならないのではないだろうか。

さらに、われわれは、農協によるこのような方策が、指定団体制度を通じて組合員が結集され、当該地域が産地として一つにまとまっているからこそ成立しているのだということを、認識しなければならない。仮に、出荷先をブローカーへ変更する生産者が続出するようになれば、地域が産地としてのまとまりを欠いてしまうだけでなく、農協が面的に営農サポートを行うことも困難になってしまうのは間違いないだろう。

第4節　指定団体制度の評価と農協に求められる役割

1．指定団体制度の評価

生乳は毎日生産され、腐敗しやすく、貯蔵困難な液体であり、加工しなければ食用として流通できないという、他の農産物とは異なった独自の商品特性を有している。このような特性を有し、かつまた基礎的食料の一つに位置づけられる牛乳や乳製品の安定供給を実現させるために、指定団体制度は機能してきた。すなわち、指定団体が生産者から委託を受け、「一元集荷多元販売」といった手法で共同販売を行うことで、生産者は出荷コストをかけずに、生乳を安定的かつ計画的に、さらにはその有用性を維持した状態で、販売することが可能になっているのである。他方で、乳業メーカーも、これにより安定的かつ計画的に生乳が購入できるといったメリットを得ている。

国内10カ所に設置されている指定団体は、こうした基本的な役割を果たしているのだが、先に指摘したように、北海道の団体だけは、他の団体と異なり、二つの特有の機能を発揮してきた。ひとつは、用途別需給変動への対応である。北海道の生産者は、都府県の生産者との競合を避けるために、単価の安い乳製品向けの生産を強いられてきた。その代償として「脱脂粉乳・バター等」向けを販売すれば補給金が得られる仕組みになっているのだが、都府県の生産者が単価の高い牛乳向けをメインに生産しているため、不利な立場に置かれていることに変わりはなかった。しかし、乳製品向け生産が主体となったことから、脱脂粉乳、バター、生クリーム、チーズなど、複数の販売用途が得られるようになった。このメリットを生かし、北海道の団体は、過剰時に需要の多い用途の販売量を増やし、そうではない用途の販売量を減らすことで、生乳総販売量を減少させずに維持してきたのである。

もうひとつは、都府県の需給変動への対応である。生乳という農産物は、暑さで乳牛が食欲と体力を失い、人間が頻繁に水分を補給する夏の需要期に不足し、冬の不需要期に過剰になるといった特徴を有する。この影響をまともに受けるのが、乳牛飼養頭数に対し人口が多い都府県である。また、都府県は、北海道に比べ大規模加工工場が少ないため、余剰生乳が増加すると、その大量廃棄が避けられなくなる。こうした問題を解消するために、北海道の団体は、夏の需要期に都府県へ牛乳向け生乳を移出し、冬の不需要期に都府県から乳製品向け生乳を移入して、保存性の高い脱脂粉乳やバターに加工することで生乳の大量廃棄を回避しているのである。

また、北海道の団体は、こうした年間を通じた需給変動のみならず、日々の需給変動にも迅速に対応している。ホクレン酪農部の担当者によると、仮に乳業メーカーが突発的な生乳不足に陥っても、「電話一本いただければ、即座に生乳を手配し、配送している」という。こうした突発的な生乳の過不足に対応できるのは、取扱量が圧倒的に多い北海道の団体だけであろう。

このように指定団体は、すでに設置から半世紀が経過したものの、今なおその役割を果たしているといえる。中でも北海道の団体は、他の団体にはない有益な機能を発揮してきた。ゆえに、今後もこの制度は欠かせないといえるのだが、以下ではその根拠を３点に集約して記述しておこう。

第一の根拠は、指定団体制度が牛乳・乳製品市場の安定化をはかり、それが生乳生産量の維持に結実しているからである。前述したように、酪農「改革」を主要テーマの一つに掲げた規制改革会議は、指定団体制度の見直しとともに、バターの国家貿易の廃止を今後の検討課題にしようとしている。おそらく同会議は、輸入自由化を進めれば、昨今、問題となっているバター不足が解消するといった安易な発想を拠り所にして、国家貿易の廃止を提言するのだろう。すでに、政府・与党の方針も、これと同様のトーンとなっている。しかし、バターやその原料となる生乳の不足が、今後も継続するとは限らない。

現実をみれば、懸念されるのは、不足よりもむしろ過剰である。周知のように、TPP交渉が大筋合意に達したが、これに伴い脱脂粉乳とバターは、生乳換算で初年度6万トン、以後、段階的に増加の後、6年目以降7万トンに及ぶ特別輸入枠が設定されてしまった。同時に、脱脂粉乳と競合するホエイは、当面、関税が維持されるものの、その税率は段階的に引き下げられ、21年目以降ゼロとなることも決まった。よって、これらの輸入量が増大するのは、必至の情勢と言えよう。

また、不安定な国際情勢が、世界の農畜産物市場に影を落としている点も見過ごすわけにはいかない。例えば、2014年7月には、全脂粉乳の国際価格が5カ月間に4割低下するなど、乳製品の国際価格が軒並み大幅に下落したが、これは経済成長に陰りが見え始めた中国の需要停滞が原因であると言われている。追って、同年10月にも、バターと脱脂粉乳が7カ月前に記録した直近最高値の半値に下落したが、これはウクライナ情勢に伴うロシアへの禁輸措置の発動が原因であった。さらに、2015年4月には、EUが30年継続してきたクオーター制を廃止し、生乳生産を自由化した。これを受け、ドイツ、フランス、オランダなど、増産が見込める加盟国は、アジア諸国への輸出を増大する計画であるという。

いずれにせよ、今後、輸入量の増加と国際価格の下落は避けられそうにない。このような状況の中で、規制改革会議が企図するさらなる自由化が進行すれば、その傾向に拍車がかかるのは間違いない。その上、国内産が過剰となれば、かつてのコメ同様、牛乳や乳製品の価格は大暴落するだろう。結果として、担い手の減少と離農の増加はますます顕著になり、国内産生産量は減少することになる。こうした事態を発生させないためにも、市場の安定化に寄与する指定団体制度は、今後も欠かせないといえるのである。

第二の根拠は、乳業メーカーとの価格交渉で成果を得るには、指定団体が生産者代表として折衝するのが最良の方法といえるからである。この状況は、制度制定時も、現在も、まったく変わっていない。

昨今の乳業メーカーを取り巻く環境は、必ずしも良好とは言えない。原料購入の場面では、2011年以降、５年連続の乳価値上げを受け入れてきた。一方で、製品販売の場面では、大規模小売店が有するバイイングパワーにさらされている。にもかかわらず、乳業メーカー各社は、過去最高益を更新するほどの好業績をあげているのである。

これに対し、生産者を取り巻く環境は、より厳しいと言わざるを得ない。円安の進行に伴い、輸入飼料、燃料、資材の価格が軒並み上昇し、さらには北海道電力が３年連続電気料金を値上げしたことから、経営コストの削減は困難な状況にある。また、2016年から乳製品向け生乳の一部が入札によって取引されることが決定したが、輸入量の増加に伴う供給過剰が避けられない中で入札が行われれば、乳業メーカーにとって有利で、生産者に取って不利な価格が形成されてしまうのは言うまでもない。

良好とは言えない環境下においても、好業績をあげている乳業メーカーの力は依然として大きく、生産者はもちろんのこと、農協の力も、それには遠く及ばない。こうした状況の中で乳価交渉を行うとなれば、需給調整機能を有する指定団体でなければ、乳業メーカーと対等に折衝することはできない。生産者にとって有利な乳価を実現させるためには、今なお指定団体制度は欠かせないといえるのである。

第三の根拠は、離農の増加を抑制するには、生産者に対する補給金の交付が今後も欠かせないからである。釧路、根室、宗谷、留萌北部、オホーツク北部などで構成される北海道の酪農地帯は、積算温度が低く、草以外の作物生産が期待できないため、地代形成力が小さくなる傾向にある。中には、限界地も含まれよう。このような性格を有する酪農地帯の生産者が、輸入自由化に抗うことができず、次々と離農すれば、地域農業は崩壊するだろう。そうなると、耕境は隣接する畑酪混合地帯へと移動する。畑作作物のさらなる自由化が進行し、畑酪混合地帯の生産者も営農困難となって、相次いで離農するようになれば、この地帯も地域農業が崩壊し、耕境はさらに後退することになろう。

つまり、酪農地帯は、立て続けに地域農業の崩壊を誘発するドミノ倒しの起点に位置しているのである。このドミノ倒しのスタートは、何としてでも阻止しなければならない。そのためには、起点に位置する酪農地帯の生産者に対する助成が欠かせない。補給金の交付が、その有効な手法に該当するのは言うまでもない。

なお、北海道の酪農地帯は、前記のとおり、その多くが国境に近い沿岸部を含む地域に形成されている。よって、酪農という基幹産業が消滅し、さらなる過疎化が進行すれば、国防力が弱まるといった問題が発生する。ただし、生産者への助成により、離農防止効果が表れれば、この問題は解消されよう。生産者への助成は、正しく国境措置としても機能しているのである。

TPPが発効すれば、国境措置として機能している多くの関税が撤廃される。政府には、この国境措置を奪還するよう求めたいが、現状を踏まえれば、その実現は期待できないと言わざるを得ない。そうであるならば、関税同様、国境措置として機能する生産者への助成を十分に講じるべきなのではないだろうか。

2. これからの農協に求められる役割

冒頭で述べたように、北海道の酪農業界を揺るがす二つの衝撃的な出来事が、2014年の晩春に相次いで勃発した。ひとつは、4月に幕別町のT農場が生乳出荷先を指定団体からMMJへ変更したことである。もうひとつは、5月にフォンテラ・ジャパンが北海道に「低コスト生産モデル農場」を設置するとともに、北海道を対象にした「酪農技術指導実施計画」を策定すると発表したことである。

前者のMMJへの出荷先変更については、その後、漸増傾向にある。2015年現在、MMJへ出荷先を変更した道内のアウトサイダーは8件を数えるが、そのほとんどが大規模な固定資本を装備したメガファームを経営している。それゆえに、その多くは、多額の償還、雇用労働の導入、濃厚飼料の大量購入が避けられず、所得が低くなる傾向にあるといった問題を抱えている。こうした状況から脱却するために、指定団体よりも買い取り単価が高いMMJへの出荷に活路を見出し、系統からの離脱を決断したのである(注５)。

とはいえ、現状の指定団体制度の下でも、乳代を上げることは可能である。なぜかというと、指定団体を通じて支払われる乳代は、「成分乳代＋乳質乳代＋補給金」で構成されているため、乳成分および乳質を向上させれば、単価が高くなる仕組みとなっているからである。その割り振りの実態は、ホクレンが発行する「北海道指定生乳生産者団体情報」で確認することができる。

同誌、第203号（2015年11月２日発行）によると、2015年９月出荷分の１kg当たり平均乳価は95円16銭であった。この平均よりも高い買い取り単価となった農家は1,943戸で、全体の33％を占めた。中には平均よりも３円以上高い「99円以上」となった農家も存在し、その数は177戸であった。一方で、平均よりも５円以上安い「90円以下」となった農家が251戸存在した。このように指定団体が設定する単価は、品質次第で10円以上も差が開く仕組みとなっているのである。

需給緩和となった場合、系統外出荷を選択したアウトサイダーは、乳価引き下げや買い取り数量減少といったブローカーの要求に応じざるを得なくなるだろう。しかし、指定団体へ出荷する生産者は、平均単価が下がっても、乳質改善に努めれば、高額単価に基づく乳代が得られる可能性がある。有利なのは、後者といえるのではないだろうか。

さて、第３節でみたように、これまで各地の農協は様々な酪農振興策を講じ、生産者である組合員をサポートしてきた。新規参入者の受け入れ、農協出資法人による営農サポート、TMRセンターの設立サポート、独自のプレミアム乳価の設定など、その内容はバラエティに富んでいる。これらの実践を通じて、地域農業の生き残りをはかってきた農協も少なくないだろう。農協は正しく地域農業の危機に対応してきたのである。

しかし、乳代の向上につながる乳成分や乳質の改善に関わる技術指導は、酪農検定検査協会や農業改良普及センターが中心になって実施してきた経緯があり、これまで農協が主体的に関わってこなかった感があるのは否めない。指定団体が担ってきた販売対応も同様であり、基本的に指定団体へ一任すれば、生乳を実需者へ供給することができた。もちろん、古くからこれらに関わる取り組みに着手し、組合員をサポートしてきた農協も存在する(注6)。しかし、それはレアなケースであろう。

先にも述べたが、アウトサイダーの多くは、ブローカーが提示する高い乳価に魅力を感じ、系統から離脱した。その背後には、経営存続のためには、収入・所得の向上を実現させなければならないといった事情があった。となれば、収入・所得の確保に直接関わる事業が十分に機能すれば、組合員の農協離れが進行することはないと言えよう。

それゆえに、これからの農協は、収入・所得の向上を実現する技術指導や、実需者ニーズが把握できる販売対応にも積極的に関わっていくことが求められているといえる。スタッフや資金が必要となるので、農協単独での事業構築は困難であろうが、これらの業務に従事する専門家が所属する関係機関と連携して、組合員の求めるサービスを提供していくことは、比較的容易に実践できるのではないだろうか。農協に求められる役割、そして農協が果たすべき役割は、まだまだ数多く存在するのである。

【注】

(注１) 指定団体制度の概要及び最近の動向については、本章のほか、荒木・志賀（2015)、清水池（2015b)、矢坂（2015）などを参照のこと。

(注２) ホクレンによるこの対応については、清水池（2010）を参照のこと。特に、第４章「生乳生産者団体の原料乳分配方法による原料乳市場構造の変化―北海道指定生乳生産者団体ホクレン農業協同組合連合会の「優先用途」販売方式に着目して―」で、このことについて詳しく論述されている。

(注３) 2015年10月17日に酪農学園大学で開催された、2015年度北海道農業経済学会大会シンポジウムにおける石橋榮紀氏（浜中町農協代表理事組合長）の発言内容である。なお、北海道新聞2016年１月31日付け記事によると、2012年に50万円前後だったホクレン家畜市場における初妊牛１頭当たり平均価格は、2013年以降急上昇し、2016年１月現在70万円前後となっている。こうした現実を踏まえれば、１頭当たり２万円の支給額は、「焼け石に水」と批判されて

も致し方ないのかもしれない。

（注４）この動向については、井上（2011）pp.20-21を参照のこと。

（注５）中原（2015）pp.191-192による。なお、生産費に占める購入飼料費が高いため、大規模層（飼養頭数100頭以上層）ほど所得が低くなる傾向にあることについては、清水池（2015a）pp.76-78でも指摘されている。

（注６）1960年代後半から様々な営農サポートに取り組んできた浜中町農協は、その典型と言えよう。本農協における営農サポートに関わる取り組みの形成過程と変遷については、野田（2005）を参照のこと。

【参考文献】

荒木和秋・志賀永一（2015）「岐路に立つ地域農業～生乳流通の新展開を手がかりに～」『2015年北海道農業経済学会大会シンポジウム資料』北海道農業経済学会、開催地：酪農学園大学（江別市）

井上誠司（2011）「農業構造の変動と地域農業支援システムの存立条件」『地域農業研究叢書』北海道地域農業研究所、No.41

中原准一（2015）「バター不足と日本の酪農」『前衛』日本共産党中央委員会、№927、185-197

野田哲治（2005）「生産関連、新規就農支援から生活面や地域社会へ―北海道厚岸郡浜中町の取り組み」『事例で学ぶ酪農支援組織とその利用』（荒木和秋監修）デーリィマン社、186-195

清水池義治（2010）『生乳流通と乳業―原料乳市場構造の変化とメカニズム―』デーリィマン社

清水池義治（2015a）「生乳生産量は維持できるか」『農業と経済』昭和堂、第81巻第10号、72-79

清水池義治（2015b）「北海道における生乳流通の現状と新たな可能性」『2015年北海道農業経済学会大会シンポジウム資料』北海道農業経済学会、開催地：酪農学園大学（江別市）

矢坂雅充（2015）「変容する生乳市場と生乳共販」『日本農業市場学会2015年度大会報告資料集』日本農業市場学会、開催地：宇都宮大学（宇都宮市）35-41

終章
農業・農村のものさしづくりと社会的経済システムとしての農協

小林　国之

第１節　各章の要約

農協の改革が問われている今、本書はその課題を、農業における社会的経済を実現するために北海道の農協がどのような機能を果たしているのか、という問いとして捉え直し、実態を踏まえた分析を行ってきた。より具体的に目的設定をすれば、構造政策の優等生といわれ北海道農業の実現に主体的な役割を果たしてきた農協が、直面する農畜産物市場のさらなるグローバル化、農家戸数の減少による「地方消滅」という農業がよって立つ舞台であった農村それ自体の存続が現実的に危ぶまれていく中で、今後どのような役割を果たすことができるのか。その将来像を北海道の農協の実態分析から明らかにすることが本書の目的であった。各章の要約をしながら、その目的を振り返ってみよう。

第１章「TPP合意内容の検証と農政運動の課題」では、現在の農業改革の最も重要な論点であり、かつ日本の農業の形を規定することになるTPPの合意内容の詳細の検証に基づき、今後の農政運動の課題を明らかにした。TPPを契機として農業を成長産業化する、という農業改革の基本的スタンスが、成長産業化を阻害するものとして農協を描き出し、農協改革、農協批判の後ろ盾となっている。そうした中で、TPP対策として提起されたものについて、その財源確保の問題を鋭く指摘しながら、制度設計の当事者としての農業団体の役割の重要性を指摘した。

第2章「制度としての農協の終焉と転換」は、政治経済学的なアプローチから、農協の農政における位置づけの変化を、「制度としての農協」という議論を土台にしながら、政策的意図と農協としての意図との相互関係の変化から明らかにした。現在の農協は「擬似制度」としての農協としての役割も終えて、政府にとっても一つの企業体に過ぎなくなったと整理をした。そのことは決して悲観すべきことではなく、そこから協同組合としての本道を進むべきであると提起をした。このことを、本章で考えたい社会経済システムとしての農協のあり方と関連させると、社会経済的条件として戦後の農協にあり方を大きく規定してきた「枠組み」から、市場原理ではない新たな「枠組みづくり」にむけた必要条件が整備された、といえよう。

第3章「北海道における農協事業・経営の現段階」では、「開発型農協」として性格規定されてきた北海道の農協の姿を単協の経営・事業データから地域別にトレースした。その結果、現在でも日本の農協の特徴である総合事業方式が営農指導、農業関連事業を核として維持されており、地域農業の支援主体として位置づけられていること、地域農業の特徴に応じて、多様な経営的特徴を持った農協が展開していることを明らかにした。

第4章「北海道における農協准組合員の実態」は、今回の農協法改正では見送られた「准組合員利用規制」に対して、何よりも実態把握を踏まえた具体的議論が必要という認識から取り上げた。全道としては准組合員比率は高いが、その内実を詳しくみると、事業量の拡大を求めて都市部の住民に事業拡大してきたという都市型農協的な展開というよりも、農村部での生活インフラとして機能してきた農協の姿を描き出すことができた。しかし、農協経営にとって、こうした生活インフラ的機能を担うことの意義が明確に意識されては来なかったという実態もある。経営合理化のために購買店舗を統合する際にも、果たして十分に議論がなされたのか、と言う点については、農協自身も顧みる必要があろう。

第5章「農協監査制度改革と懸念される課題」は、今回の法改正における体制の変化という意味では最も大きな改正である農協監査について取り上げた。単協の自主性を妨げているという、現場の感覚からはかけ離れた根拠によって実施された今回の農協監査の「外だし」であるが、移行期間ののちに実施される公認会計士監査の実施については、法改正の付帯決議にもあるように、農協に追加的な負担を強いないような配慮が必要とされてはいるが、その具体的運用の姿については未だに見えない。そうしたなかで、JA北海道中央会は、業務監査については今後も中央会機能として継続的に取り組むことが決議されている。中央会が今後も農協グループの代表的役割を果たすことができるのか。北海道の中央会の動きがその一つの答えを与えるものとして注目される。

第6章「米生産調整政策の展開と系統農協の役割」は、米の生産調整に際して、それを主体的に捉え地域農業の再編につなげてきた農協の姿を描き出した。今後減反廃止がすすめられるとしても、日本の主食である米市場を安定化させるための仕組みは不可欠であるなかで、現状としてその姿は全く見えていない。そうしたなかで、価格調整と生産調整の仕組みを整合的に作り上げていく際に、農協組織の役割は今後も不可欠であると指摘した。

続く第7章「北海道における指定団体制度の意義と農協の役割」は、第6章と並んで農業者が自由競争をするだけでは実現できない、農畜産物の安定的・効率的な生産、流通が農協の協同販売という仕組みよって実現していることを生乳生産者指定団体制度を素材として明らかにした。「農協」=「指定生産者団体」が農家の自由な競争を妨げている、という制度の歴史的背景や、現在果たしている機能を無視してすすめられている指定生産者団体の改革論議の非現実性を、制度の根本的な役割や地域農業維持に欠かせない仕組みであるという点から明らかにした。そうしたなかで、指定生産者団体としての農協が今後もより積極的に地域農業支援、実需ニーズの把握などに取り組んでいくことの必要性を指摘した。

第2節　北海道農協が直面する課題

さて、上記でまとめたような本書の内容を受けて、未来にどのような農協の姿を提案できるだろうか。本書の最後として「ものさし」と「社会的経済システム」というキーワードからそれを考えてみたい。社会的経済の定義は多様なものがあるが、その内実としては、共有される価値観とその価値観に基づき実際経済において事業活動を営む仕組み・システムという2つの要素を持っている。フランスの社会的経済宣言（CNLAMCAの声明）では、社会的経済の構成要素を「共通の欲求に集団的に取りくむために、または共通の目的を実現するために、事業の危険を引き受ける人々の集団の連帯を表明する諸組織」としている[注1]。

これをふまえて、社会的経済を、①ものさし（公平性・持続的と言った価値観に基づいて、経済の標準点を提示するもの)、②ものさしに基づいて一定の範囲・規模の人・地域が参加することで一定の影響力を持ちながら社会・経済を動かしていくための仕組み（社会的経済システム)、という二つの要素からなると措定しよう。

前身である産業組合時代をふくめて、日本の農協の組織原理は集落ぐるみでそこに居住する（属地主義）全ての住民を網羅し（網羅主義)、かれらの営農から生活までを総合的に支援する（総合主義）をその特質としてきた[注2]。そしてその根底には、斎藤（1989）が指摘したような「自治村落」と呼ばれる組織力があった。一方、北海道においてはその性格はやや異なり、「自治村落」を基盤としたものというよりはむしろ農業生産をしていくための「同志的」集まりであり、営農をしていくために必要な「機能的」な役割を果たすための地域組織である農事実行組合を基盤に、農協が事業を展開してきた[注3]。

戦後の北海道農業の発展を支えた様々な制度、しくみもこうした農協の組織基盤の上に、相互依存しながら展開してきたのである。

そうした中で今農協に問われているのが、「属することが当然」の組織であった農協のあらたな組織力の源泉と組織としての機能である。戦後に創出された自作農を「没落」から守ることを機能として期待された農協組織であるが、農協の担い手であった正組合員の多様化が進み、「自立」できる経営体の農協離れがすすみ、また農協以外の様々な企業体が販売、購買事業をビジネスとして担うようになる中で、組合員の選択肢は大きく拡大している。シェーマ的に把握するならば、「ムラ」という見えない様々な規制によって農協に属することが当然であった農協と組合員との「固定的関係」が、選択可能性が拡大し主体的に関係性を構築することが容易となっている「流動的関係」に移行している組合員との間で、どのように農協との組織力、組織に対する信頼を醸成するのか、という点についての実証的・理論的な解明が現在の課題である。

組織への信頼（信用）は、農協という協同組合組織固有の価値や組織形態の独自性（利用、所有、運営の三位一体性など）をもとにして、現在の農業が直面している課題を解決していく実践過程において醸成される。以下ではそうした現段階的課題として4点指摘したい。

一つは、中・長期的な地域農業のビジョンの提示である。改正農協法の中に農業所得の向上が明記されたが、個人がバラバラの自由競争を行った結果として全員の所得が向上すると言うことは、地域の限られた土地を必要不可欠な生産要素として成立する農業においては想定できない。協同組合である農協は、組合員の共益の実現を目的として成立されたものである。地域の農業者全体としての所得の向上につながる事業を展開するのが農協の役割であるならば、そうした地域農業のビジョンづくりが重要な役割となってくる。

次の点が総合事業方式の再構築である。政策的には、付加価値の向上、輸出、六次産業化などが示されてはいるが、一見魅力的だが曖昧としているこれらの言葉の中にはその答えを見いだすことは容易ではない。日々の営農の中で、品質を向上する、収量を上げる、細かなところでのコスト削減を追求する。こうした地道な取り組みの積み重ねが、その結果として所得向上に結びつくのである。また、自然相手の農業においては、つねに不確定要素に左右されることになる。こうした農業の本質から考えると、農業所得の向上には一つの解決手法があるのではなく、農協は組合員を総合的にサポートしていく必要がある。今回の農協法改正のみならず、つねに水面下に潜んでいる信用共済事業分離論に対して、総合事業方式の必要性について改めて指摘する必要があろう。

ついで担い手である。ここでいう担い手とは、単純に農業の担い手のことではなく、農協の担い手という意味でもある。人材育成には時間が掛かるが、なによりも、農業の状況が厳しいという展望の中で、新たな担い手を確保していくことは困難である。また、序章でも述べたように「協同組合」という組織形態自体を否定する方向で農協の改革が進められている中において、次代の農協の担い手をどのように育成していけば良いのだろうか。

また、これからの農業、農協を考える際のもう一つの担い手が国民、消費者である。ごく一部の国を除いて、農業は政策的な支援に支えられて展開している。この政策的支援の財源は税金であり、その存続は国民の理解によっている。国民に理解してもらう、という農業側が一方的に働きかける対象物としてではなく、ともに食や地域のあり方を考える「協同」の担い手としての関係性をどのように創っていくのか、という点が重要である。

「担い手育成」という事業は、所得や自分の経営に短期的・直接的に結びつくものではない。短期的には利益を生まない「投資」ができることは、株主への利益配当を最大の目的とする株式会社ではできない協同組合のつよみである。そして、その強みを生かさなければ、農協が協同組合としての組織形態を取っている現段階的な意義はない。農協という協同組合組織だから必然的に強みを活かせるのではなく、またそうあるべきだ、というべき論でもない。組合員自らがそうした取り組みの必要性を認識し、認識を元に意識的に取り組んではじめて実現できるものである。

最後に、戦後の日本農業を「制度」として支えてきた農協が今後も果たすべき役割についてである。この点については「ものさしづくり」という視点から検討してみたい。

多様な地域の課題に、具体的に答えるための「地域振興主体」としての農協の役割の重要性。そのために中期的な計画を樹立し、その中で、産業づくり、人づくりをおこない、さらには都市との交流による農村活性化につなげる。農業者のための総合事業のみではなく、これらの課題に答えるための事業を含めた意味での総合事業方式がみられていることを全道の事例をつなぎながら記述していこう。

第３節　先進・限界地としての北海道農業・農村のあらたな地域ビジョンの策定

今回の農協法改正のなかで、農協の役割として、「農業所得の向上」に尽力することが定められた。しかし、誰の農業所得の向上を目指すのか、という視点からみると、地域全体の農業所得の向上が農協の重要な役割である。そしてそのためには、地域農業の振興計画を地域農業の具体的な課題に即して、組合員の議論のうえで考えていく、ということが重要となる。2015年２月時点で北海道には109の農協がある。各農協は、それぞれ違いはあるがほぼ３年毎に中期計画を策定しながら、今後の地域農業のあり方の計画に基づいた事業を展開している。

これまでの北海道農業の発展は、イコール規模拡大であったが、北海道においても多くの農村で人口減少が見込まれている。農家戸数の減少はこれまで残存する農家の規模拡大に寄与してきたが、細山（2012b）が指摘しているように、農地の受け手は減少し、水田地帯で地域の20％、畑作、酪農地帯でも半数ほどしかいないという深刻な状況となっている。

そうしたなかで、規模が拡大し、個別の経営あたりの農業所得が増加したとしても、それに伴って農家戸数が減少し、地域社会が崩壊してしまっては意味が無いという認識、それも切迫感を持った認識が、いま北海道の農村、とくに大規模化を成し遂げその意味で国際的競争力をもつことを目指してきた地域において重要な課題として認識されてきている。

しかし、これまで農業の発展を規模拡大とほぼ同義として捉えてきた農家に対して、規模拡大だけではなく、地域社会の維持のためにも多様な担い手を作り出していく、という方向へ舵を切ることは容易ではない。その容易ではない舵取りを行いつつある事例として、JAこしみずの地域農業振興計画を事例してみてみよう。

小清水町は、人口約5,100人、北海道のオホーツク地方に位置する大規模な畑作を中心として、酪農も展開する典型的な畑作・酪農地帯である。十勝の大規模畑作地帯にも匹敵する大規模地帯であり、おもに小麦、甜菜、澱原用馬鈴しょを中心とした畑作農業の他、酪農、畜産、野菜などにも取り組んでいる。

JAこしみずは、まさに規模拡大をおこなってきた地域である。そうした地域において、規模拡大の表裏である農家戸数の減少に危機感を持っていた現組合長は、農業生産の増大のみではなく、地域社会の維持、つまり人口や社会資本の維持という視点も盛り込んだ地域農業の振興計画の樹立の必要性を感じていた。しかし、いまから10年以上前にこうした計画を打ち明けたところ、農協の理事層からは、賛同は得られなかった。これまでの規模拡大路線の延長線上で地域農業を考えるということが当たり前となっていたなかで、新たな提案については簡単には理解できないということがあった。しかし、時代はすすみ農家戸数の減少、地域社会の衰退が目につくようになった中で、農協経営陣の中でも、地域社会の維持ということが重要な課題として認識されるようになり、ついに第8次の3カ年中期計画の中で、地域農業振興計画策定の目標の中に明確にそのことを位置づけた計画を策定した。

2011年4月にだされた「第8次中期3カ年計画」の冒頭の組合長の言葉にそのことが表れている。そのなかで国民への安定的な食料供給ができるための農家経営の安定とともに、地場産業として地域を支えることを目標に掲げている。若干長くなるがその言葉を引用しよう。「農村には人間本来の生活の縮図があります。効率性や利便性のみが追求される現代社会のあり方について、様々な角度で論じられていますが、農村に住む人は減少の一途を辿っています。それでも小清水という農業の町に人々の暮らしがある限り、町としての機能を維持するために農業がその役割を果たす必要があります。「農家戸数は今後も減るのだから、大規模農業しか残れない」そんな前提のみで農業を語りたくはありません。激変する情勢に追い込まれたとしても町ぐるみで解決する。力を合わせて次世代に繋いでいく。今回の計画は、多様な農業経営が新しい形で共存していく、そのことを理念として、自らによる創意工夫や構造改革も念頭に置いた新しい提案の中期計画です。この計画を題材に新しい時代のこしみず農業をともに語り合うことを願っています。」

この文章には農協のエッセンスが詰まっている。このエッセンスを通してみた時、改定された農協が目的に掲げた「農業所得の向上」が、異質なものとして浮かび上がるのである。

さて、農協では、前身の第７次計画においても大豆作の振興、でん粉工場廃液を利用した液肥の開発などに取り組んできたが、第８期中期３カ年計画では農協の課題だけではなく地域の課題にも正面から捉えている。このままでは農業だけではなく、町としての生活基盤の崩壊も予想されるという危機意識を元にして、「農業支援型法人」を立ち上げ、さらに後継者育成のためのプログラムの実施、地域内での農地確保の取り組みを進めるという計画を立てた。そこでの目標は単なる農業経営の支援だけではなく「小清水の社会資本の維持に貢献する」という目標が掲げられ、地域の基幹産業として、地域の人材の活用や関係機関との積極的連携によって、地域コミュニティの維持を念頭に置いた「地域農業マネジメント」の必要性を意識した取り組みを行っている。地域の子育て世代の女性を対象とした子育て支援活動である「Mamma Club（マンマクラブ）」の発足や地域の次世代を対象とした様々な活動も展開している。

このような、地域住民への様々なサービスの提供は、道内各地の農協が取り組んでいるが、その情報発信や、北海道の農協グループとしての共通の取り組みとしてはこれまであまり意識されて来なかったのも事実である。

こうした地域農業の振興計画を土台として、その上に農協が取り組むべき事業の計画と農協経営の計画がつくられる。北海道の農協のほとんどでこうした地域農業振興計画および農協事業経営計画がつくられている。こうした「地域農業づくり」が農協として真剣に議論された発端の一つは、1970年代に本格化した減反政策への対応であった。それまでの米価政策に支えられ、地域・銘柄毎に価格が決められていた時代においては、水田農業を維持するために米価交渉が重要なファクターであった。しかし、生産調整が開始され、なかでも低品質米の産地であった北海道は、水田農業からの転換に迫られることになった。そうした中、農協は地域農業の方向を真剣に考え、野菜の導入などに取り組んでいった。また、畑作地帯においても1980年代になって経済構造調整下における支持価格の低下などの環境変化に対応して、「第五の作物」としての野菜の振興や、畑作物の品質向上の取り組みなどがみられた。現在全国でも有数の園芸産地となったその形成において農協は非常に大きな役割を果たしてきた。トマト産地である平取町、ニラの産地である知内町、旭川市周辺の施設園芸産地、長いもの帯広川西農協など、一つ一つの産地にはその形成の試行錯誤の歴史があり、農家とそれを支えた農協の豊かな経験がある。

これまでの北海道の農村は、農業生産の舞台として存在してきた。しかし、止まることのない農家の規模拡大とその表裏としての農家戸数の減少と農村人口の減少は目に見える形で進行している。これまで持続することが当たり前に捉えられてきた、農家の生産と生活を支える地域コミュニティの維持自体を、地域農業振興を計画する際に明示的に意識しなければならない時代となった。農協は産業振興という側面と同時にこうした地域の維持と両立可能な道を、組合員のみならず地域住民とともに考えなければならなくなっている。組合員の農業所得向上のみではなく、地域コミュニティに対する共益の提供こそが農協には求められているのである。

第４節　総合事業の強みを生かした地域農業支援システム

世界的にみて日本の農協はいくつか独自な点を有しているが、その一つが事業の総合性である。戦前の産業組合の時代をその出発点として、生産と生活が不可分な形で行われる農家をその構成員としている農協にとっては、農家をいわばまるごと支えるために総合的な事業を行うということは必然であった。「農協のあり方研究会」以来一貫してある農協の信共分離論は、農協系統の膨大な金融資産を市場に解放しようという狙いによるものであり、今後もそうした要求は止まることはないであろう。そうした中では、あらためて農業専業地帯である北海道における総合事業方式の意義について整理しておくことは重要であると考えられる。

これまでも多くの論者によって指摘されているように、農協の総合事業方式の要は営農指導事業である（太田原（1991））。営農指導をおこなう際に重要なのが情報である。農協の総合事業方式は、農家の営農に関連する様々な情報を活用することでその優位性が発揮されることになる。全国的にも有名な事例としては、酪農に関する様々に情報を一元的に管理し、みずから乳質、飼料、土壌の分析を行うためのセンターを設置しているJA浜中町の取り組みがある。同様の取り組みはJA士幌町でもみられている（小林（2008））。また、旧別海農協でとりくまれていたクミカン情報のデータベース化は、JA道東あさひにも引き継がれている（吉野（2008））。

さらには、十勝農協連では道総研十勝農業試験場と連携しながら、クミカンデータをもとにした経営診断プログラムを開発して、農協の営農指導に活用する取り組みを開始している（白井（2015））。

営農指導事業はそれだけでは完結するものではなく、購買事業や販売事業と結びつき、最終的には農家の手取り向上に結びつくものでなければならない。小林（2012）では、例えばJA士幌町の馬鈴しょのトレーサビリティシステムが、販売戦略と営農指導と結びつくことによって、地域全体の農家所得向上に結びついていることを指摘した。北海道で生産されている食品加工原料用の馬鈴しょは、収穫後から翌年の4月頃まで貯蔵して利用されている。馬鈴しょは同じ品種でも、栽培技術によって貯蔵の歩留まりは異なる。メーカーは、品薄となる3～4月頃の買い取り価格を高めることによって、歩留まり向上へのインセンティブを提示しているが、JA士幌町では、馬鈴しょの栽培履歴から貯蔵、そして出荷時の品質を一貫して管理することで、長期貯蔵に向けた栽培技術向上の指導を生産者と一体となって行ってきた。その結果として、地域全体の品質の向上と精算価格の向上につながってきており、こうした取り組みは、生産から販売、そして技術指導までを一体的に行うことができる総合農協として、情報を最大限に活用した事例であろう。

しかしいくつかの先駆的な農協を除き、全体として農協は、これまで自らが持っている豊富な情報を十分に活用してきたとは言いがたい。しかし、農協が有している情報は、これからの地域農業振興を考える際に、何よりも重要な資源である。複数の組合員がいることによって、データの比較が可能となり、ベンチマークによる指導ができる。

こうした営農指導事業自体は収益を生まないが、その成果は他事業へと波及することから、農協は管理部門の費用と同様に他の事業へ負担を割り振りながら営農指導事業を行っている。しかし、第3章でみたように農協は事業のボリュームが伸び悩む中で、人件費を中心として事業管理費を削減しながら経営を行ってきた。そうしたなかで、収益を直接生まない営農指導事業に配置する人材についても削減せざるを得ない状況にある。また、さまざまな情報が容易に入手できるようになった中で、農協の営農指導による情報の陳腐化も起きていることも事実である。

農協の営農指導のあり方がいま改めて問われているなかで、農協による試行錯誤も始まっている。JAきたみらいは、農協合併による経営の合理化を進めると同時に、それによって節減された経営資源を営農指導に振り向けるという大胆な取り組みを行っている(注4)。北海道型の「出向く営農指導事業」と名付けられたこの業務機構体制の大幅な改革は、出向く営農指導員をいわば「総合窓口」として位置づけ、組合員との接点を維持しつつ業務の効率化、高度化を進める取り組みである。組合員のニーズは、生産指導のみならず、経営指導や担い手確保の問題など、多様である。出向く営農指導を担当する職員には、総合農協が実施している業務内容の広範な知識がもとめられるが、同時に組合員との信頼関係を築くためにも一定の「専門性」が必要である。JAきたみらいでは、合併農協のメリットとして、人事企画の専門部署を設立当初から農協内部に設置している。労務管理を「人的資源管理」と積極的に位置づけて人材育成をおこなってきた。農協では現在スペシャリストであり、ジェネラリストという一見矛盾するような職員育成を各種の人材育成プログラムとともに日常業務の中で実現できるような体制を整備している。

第５節　担い手育成と都市との交流

農協の担い手である組合員の世代交代が、全国的にも重要な課題となっている。戦後の農協設立に直接的に関わった第１世代のリタイヤが間近に迫っている中で、その世代から第２世代、そして第３世代へと農協を継承していけるのか、という点に大きな関心が寄せられている。農業経営主年齢別の農家戸数からみると、都府県においては第１世代、第２世代にあたる農家が大半を占めており、これからの農協を担うであろう第３世代は非常に少ない。北海道はそれに比べて比較的多い第３世代が存在している。

これまで農家の後継者世代と農協との関係は次のような「型」をもっていた。若い世代にとって、農協との接点の切っ掛けは農協青年部である。農協青年部は「農協」への入り口として機能してきた。就農直後の若手農業者にとって、様々な技術・情報の入手元はまず何よりも経営主である父親である。父親の圧倒的な知識と経験を目の当たりにしながら、まずは自らの技術習得、少しでも早く一人前に作業ができるようになることを目標に、日々の営農に励むことになる。

しかし、そうした日々の中で、経営主であり父親であるという関係性において、少なからず衝突が生まれる。家族という関係性のみでは、そうした衝突は鬱積していくことになるが、そこに農協青年部という同世代や外とのつながりを持つことは、農業青年の人材育成という意味からも重要な意義を持っている。

青年部活動は、直接的に自分の経営に結びつくことばかりではないが、仲間作りや地域社会との活動を通じて、家族以外の様々な関係性づくりにつながり、そうした活動を通じて、自分事以外にも関心を広げ農協についての実践的な理解にもつながる。さらに単協の青年部活動は、地区や全道、さらには全国とつながることでより広い知識や経験の習得、仲間作りにつながっていく。

さて、こうした「型」は今も有効に機能しているのであろうか。実際に第３世代の農協組織との関わりについて、北海道オホーツク地域に位置するＡ農協が青年部に実施したアンケート結果からその内容についてみてみよう。**表１**には、青年部員に対して自らの営農上の相談を誰にしているのかを聞いたものである。就農年数との関係をみると、就農間もない層においては、やはり家族からの情報提供が中心となっているが、年数が経過するに従って、農協職員とのつながりもみられている。

表１　青年部における営農上困ったときの相談先について

就農年数	JA 役員	JA 職員	普及センター	地域	家族	友人	その他	合計
4 年以下	3	19	22	29	47	29	6	155
5〜9 年	2	27	25	36	42	38	2	172
10〜14 年	4	29	15	33	32	31	4	148
15〜19 年	3	17	7	14	19	15	0	75
20 年以上	0	3	0	3	2	3	0	11
4 年以下	1.9	12.3	14.2	18.7	30.3	18.7	3.9	100.0
5〜9 年	1.2	15.7	14.5	20.9	24.4	22.1	1.2	100.0
10〜14 年	2.7	19.6	10.1	22.3	21.6	20.9	2.7	100.0
15〜19 年	4.0	22.7	9.3	18.7	25.3	20.0	0.0	100.0
20 年以上	0.0	27.3	0.0	27.3	18.2	27.3	0.0	100.0

資料：2012 年に実施した A 農協の青年部に対するアンケート結果より。
注：アンケートの回答数は 207（回答率 62.9%）であった。

表2　青年部におけるJAの意義や株式会社との違いについての認識

就農年数	よく知ってる	大体知ってる	少し知ってる	あまり知らない	全く知らない
4年以下	3	12	14	34	5
5〜9年	2	13	14	26	3
10〜14年	2	11	16	16	5
15〜19年	1	8	12	4	0
20年以上	1	1	2	0	0

資料：2012年に実施したA農協の青年部に対するアンケート結果より。
注：アンケートの回答数は207（回答率62.9%）であった。

表3　青年部アンケートにおける協同組合に関する話し合いの頻度

	家族の間で					地域・仲間で				
	日常的	時々	稀に	ごく稀に	話題なし	日常的	時々	稀に	ごく稀に	話題なし
4年以下	0	12	18	13	22	1	14	15	15	20
5〜9年	3	13	17	8	16	3	22	10	15	7
10〜14年	0	12	12	12	14	0	16	16	11	6
15年以上	1	9	12	3	3	1	12	9	4	3
4年以下	0.0	18.5	27.7	20.0	33.8	1.5	21.5	23.1	23.1	30.8
5〜9年	5.3	22.8	29.8	14.0	28.1	5.3	38.6	17.5	26.3	12.3
10〜14年	0.0	24.0	24.0	24.0	28.0	0.0	32.7	32.7	22.4	12.2
15年以上	3.6	32.1	42.9	10.7	10.7	3.4	41.4	31.0	13.8	10.3

資料：2012年に実施したA農協の青年部に対するアンケート結果より。
注：1）アンケートの回答数は207（回答率62.9%）であった。
　　2）上段は実数、下段は各合計に対する割合である。

次に、農協や協同組合についての認識、及び話し合いの頻度についてみたものが**表2**および**表3**である。これによると青年部層において、農協についての認識や仲間、家族での話し合いの頻度ともに低いことがわかる。さらに、農協に対する知識の入手先を聞いたものが**表4**であるが､おもなものは家族･親族からとなっている。農協の意義や役割については、座学で知識として学ぶと言うこと以上に、実践により習得することが多いであろう。仮に30年前に同様のアンケートを当時の青年部員に実施したとしても、似たような結果となったかもしれない。しかし、当時は第1世代が現役の中でかれらの背中をみながら実践を通じて農協や協同組合についての認識を深めていった。つまり今問題なのは形式的な知識が無い中で、それを補うような実践の場、農

表４　JAについての知識の入手先（複数回答）

	青年部
親族	47
地域の人	42
振興会や部会の人	31
JA 職員	28
研修	34
学校	8
その他	9

資料：2012 年に実施した A 農協の青年部に対するアンケート結果より。
注：アンケートの回答数は 207（回答率 62.9%）であった。

表５　北海道における若年層の農業従事者数と農協青年部員数

	年齢別農業従事者数				
	16〜29 歳	30〜39 歳	合計	農協青年部員数	割合
1975	37,965	26,533	64,498	16,681	25.9
1980	31,167	22,513	53,680	17,397	32.4
1985	23,331	24,001	47,332	16,665	35.2
1985 販売農家	23,015	23,551	46,566	16,665	35.8
1990	16,023	20,582	36,605	13,337	36.4
1995	10,639	14,674	25,313	10,213	40.3
2000	10,283	10,301	20,584	8,192	39.8
2005	8,503	7,507	16,010	7,481	46.7
2010	7,068	7,108	14,176	7,548	53.2

資料：年齢別の業従事者数は農業センサス各年次、青年部員数は北海道農協青年部協議会資料より作成。
注：割合は、16〜39 歳の農業従事者数に対する青年部員数の割合を示している。

協運動の実践を通じた育成というシステムの継続性なのである。

そしていま、農協青年部が果たしてきた「入り口」機能の低下がみられている。**表５**には全道の青年部員数をしめしているが、部員数は減少しているが、若年農業従事者数自体も大幅に減少してきた中で、名目上農協青年部への参加率は高まっている。しかし、全道的な数値はないが青年部活動への参加率は地域によっては大きく低下していることが指摘されている。網羅的な調査が実施されていないため、全道の数値を把握することはできないが、筆者らが2013年に実施した６つの農協青年部の調査からは、地区ごとに参加率に差があることがわかった（北海道地域農業研究所（2014））。

自分の経営に直接結びつかないことへの関心の低下などとともに、農家経営の規模拡大、労働力不足によって、後継者が重要な労働力として位置付いているため、物理的に青年部活動に参加することができない、という事態も指摘されている。そうした経営においては、親世代が青年部活動への参加を心よしとしないということも、良く聞かれる事実である。

そうしたなかで、北海道農協青年部協議会もいくつか新たな取り組みを行っている。ポリシーブックや地元の学校教師を対象とした農村ホームステイといった取り組みは、これまでの青年部の活動の枠を一歩超え出たような活動である。

ポリシーブックは2012年にスタートした活動である。2009年の民主党政権、2012年の自民党政権など、これまでになかった政治の振動のなかで、自らの主張を目に見える形として取りまとめることを目的とした取り組みであった。北海道が全道に先駆けてモデル地区として取り組みを開始した。作成は、地区の単組において、部員から集めた多様な意見を、単組段階、地区段階、全道段階としてまとめ、最終的には全国農協青年部協議会が全国の意見としてとりまとめという手順を取って作成される（小林（2016）、國本（2016））。

手探りの状態から始まった活動であったが、現在では単組の部員の意見から、「自分達でできること」、「農協でやること」、「自治体に期待すること」、「行政に期待すること」など、単なる要望だけではなく、課題全体の中で、自らは何をすべきか、という視点も盛り込んでまとめるように進化してきている。

ポリシーブックは政治的な要求のみを取りまとめるものではなく、農協青年部や個人として何をするのか、という活動計画としての役割を果たすものとなっている。

さて、こうしたポリシーブックでも取り上げられているのが、食育や農業理解の醸成である。青年部はこれまでも消費者への情報発信などの活動をメインの事業内容として実施してきたが、より踏み込んだ形での取り組みも行っている。

「農村ホームステイ」という名称の事業が2012年から開始された。高校生の修学旅行の受入からはじまり、現在では子供達へのプロの伝え手である地元の小学校などの教員を農家民泊として受入れる活動も展開している。一部の有志による取り組みから始まったこうした活動は、いまでは全道の地区にひろがり、またJAグループ北海道の活動計画の中にも位置づけられるまでになっている。このように、点としての取り組みを面として広げ、より社会に影響力を持つかたちで広げることができると言うことも、農協という組織の重要な役割である。こうした取り組みは、個人の経営には直接的には全く利益をもたらさない。むしろ様々な準備などに時間を取られるという意味では、コストだけが生じる。しかし、こうした活動をつうじて、まさに実践を通じた協同組合の意義が認識されることが期待される。

こうしたポリシーブックという自らの立場を客観視しながら情報発信するという活動や、消費者との交流という活動は、いずれもこれからの農業にとって重要な要素である。青年部という若い世代から、こうした活動の実践を通じて農業や農協の意義、役割を学ぶという活動の重要性はますます高まるであろう。

第6節　協同による社会のものさし

本書で取り上げた、米の生産調整、生乳の生産者指定団体制度は、いずれも戦後の日本農業を支えたしくみであり、農協が生産者を代表するかたちでそのしくみを担ってきた。そのしくみが今、役割を果たしていない「古い規制」として、解体されようとしている。

ヨス・ペイマン他編著『EUの農協』の中には興味深い数値がある。この本はEUが実施した協同組合及び農業者組織の現状と課題についてEU各国の多数の研究者がかかわったプロジェクトの成果を取りまとめたものである。そのなかで酪農協同組合の市場シェアと価格との関係を国別に見た数値がある(注5)。これによると、協同組合の市場占有率が20%未満の国々と比べると、占有率が20～50％の国々では乳価は生乳100kgあたり4.5～６ユーロ（価格費で15％の上昇）となり、協同組合が農家の価格交渉力を強めていることがわかる。しかし更に注目すべき点は、そうした場合でも、協同組合と企業の乳価を一国の中で比較した場合、企業の方が高い数値になっているという点である。498事例中372事例で、協同組合の乳価は国平均を３ユーロ（価格割合にして10％程度）下回っていた。「皮肉なことに、欧州レベルでは、酪農協同組合が強力であることの最大の利益は、投資家所有企業へ出荷する農業者に生じている。つまり、協同組合の市場占有率が高いことは、組合員以外への生産者へ正の外部効果をもたらしている」のである（注６）。

協同組合は、市場における価格形成の一つの「ものさし」として機能していることで、市場原理のいわばよりどころとしての役割を果たしている。この機能がなくなれば、価格形成の基準がなくなり、市場に混乱を生じることになる。この混乱は、金融市場などであれば投機的利益の源泉になり得るが、小生産者である農業者にとっては、持続的生産を脅かす要因以外の何者でもない。

第６章および第７章でみたように、米の生産調整をおこなうことで一定の市場価格の「ものさし」を提示する。生乳の指定生産者団体制度によって、農家が乳業メーカーとの交渉力を発揮し巨大化している川下に対峙して安定的な価格形成が実現されているのである。

誰もが自分の短期的な利益を追求して、協同組合が生み出している外部への正の効果のみを利用し、それを生み出すための協同組合への参加をしなければ、いずれは、ものさしがなくなり全般的な価格低下となる。実際、北海道の多くの農家は農協を取引の基盤として位置づけながらも同時に農協以外もバランスを取りながら利用している、というのが実態であろう。

資材価格においても同様のことがいえる。農水省が整理した資料において肥料の購入先への評価を整理しているが（注７）、農協の肥料購買への評価は、「品質の安定」や「銘柄の充実」、「配送」などは高い評価がされている一方で、「価格」に対しては不満の声がおおい。このことは、業者が農協肥料購買事業の質の高さと共に農協価格を基準とし、それをもとにして数量を制限した取引形態等を利用して高価格での供給を可能としているという実態を示しているといえよう。これに対して、現在規制改革会議などで議論されているように、メリットの見える化、資材コストの低下という価格からのみでの評価をおこなうならば、農協の肥料事業は改善されなければならない、ということになる。一方で、肥料の質や銘柄の充実などは、組合員ニーズへの農協の対応の結果である。農協の評価があまりに単純に価格からのみおこなわれることには問題があるといわざるを得ない。そのためにも、利用者自らが事業をおこなうという農協の組織的特質を認識する必要があろう。

第7節　おわりに

2015年11月11日に開催された第28回JA北海道大会には、農協関係者はもちろん、例年よりも多くの報道陣が詰めかけた。農協改革、TPP大筋合意がなされたなかで、北海道農協グループが示す今後の方向性に対して高い関心が寄せられることの証左であろう。「北海道550万人と共に創る「力強い農業」と「豊かな魅力ある農村」」がタイトルであったこの大会は、いくつかの点でこれまでに無い踏み込んだ内容となっていた。「農業所得20％増大」は、数値目標として所得増加を掲げるというかなり挑戦的な内容である。今回の法改正の中で「農業所得の増大」が目的として導入された。このことに対しては、序章においても協同組合の相互扶助組織としての理念に反するものであるという指摘を行った。一方、農協大会で決議された取り組み方策の内容自体は、なにも目新しいものではない。法改正を無批判に受け入れて所得向上の追求という「目的規定」を正面から受け止めたかにみえる理由を、やや飛躍して考えてみれば、そこには農業所得向上はこれまで行ってきた販売、購買事業の取り組みをより強化する方向で実現は可能なのだという、JAグループ北海道としての「自負心」を見いだすことができるのではないか。その意味からみると、この決議は決意表明でもある。

もう一つが、北海道民550万人をサポーターとして、様々な形で農協との接点を作りながら、農業、地域を創っていくというものである。これについても「准組合員規制」の再論議が５年後に予定されている中で、農業者の職能組合としてだけではなく、地域への関与という協同組合原則にもある協同組合としての役割をあらためて前面に出すという、これも挑戦的な決意表明である。この裏返しには、これまで農協が地域社会との結びつき、貢献を明示的には意識して取り組みを行ってこなかったという反省もこめられているのであろう。前述したJAこしみずの振興計画にもみられるように、北海道の農村において、地域社会を支える産業としての農業の役割の重要性がたかまっている。農村人口が減ってもそれが残った農家の規模拡大に寄与し、地域としての「経済規模」が維持されれば問題ないとしてきた北海道の農業がもってきた価値観の転換がここには掲げられている。

北海道の多くの地域において、農協は、単に農業者の所得向上のための組織としてではなく、様々な意味で地域社会経済を維持するために必要不可欠な社会経済システムとしての機能を具体的に果たしてきた。しかし、それは当事者である組合員にとって、必ずしも明示的に取り組んできたと言うことではなく、日々の営農、生活のサイクルの中で、副次的・結果的に果たしてきたという側面がある。

今後の日本の中で、地域をどのように捉え直すのか、という視点は、都市との関係性の中で非常に重要な論点となっている。中川他（2013）の「内発的発展論」と農村文化におけるレビューにみられるように、中村（1990）らの地域経済学者の中でも「地域を都市と農村という二つの空間のつながりのなかで考えるのが基本」であるとする考え方がある。都市と農村を対立的なまたは、依存関係と捉えるのではなく、一つの有機的なつながりの中で考えなければ、都市、農村それぞれが存続できないという考え方である。

都市と農村を有機的なつながりの中で考えるためには、その前提条件として、農村が農村らしくあることが求められる。都市とは異なる価値観がその地域に根付いているからこそ、都市との補完的な関係性が成立するからである。その意味では、農村には農村としての価値観、役割を今後も果たしていくことが必要であり、農村としての「個性」の源はその多くを「農業」に由来する。つまり、農業が農業として持続的に成立することで、農村としての価値観が維持され、その上で都市との有機的なつながりが形成されて、社会全体が形作られていく。

農畜産物を安定的持続的に供給するために、農協は大きな役割を果たしてきた。安定的な生産システムの構築は、時に個別農家の短期的な所得追求と矛盾することもある。米や生乳の需給調整のシステムを作り上げてきた歴史的取り組みは、今では想像に絶する農業関係者の取り組みの成果である。しかし、その仕組みが当たり前であるがゆえに、そこに組み込まれている社会的経済システムとしての意義が見えなくなっているというのが現実である。北海道の農協が果たしてきた歴史的な成果についても、今だからこそ謙虚に振り返ることも必要であろう。

専業農業地帯である北海道においても、農業が産業として持続的に存在することが農村の維持につながっている。農業の社会的経済としての意義を担い、地域農業・農村を維持していく仕組みとして、これまで農協は重要な役割を果たしてきた。

遠隔産地、原料産地として直接的に世界市場に直面する北海道農業は、成長産業化とは異なる安定的な原料供給地帯として国民に果たすことができる役割を再認識し、その主体としての「協同」の意義を捉えなおすことが重要である。それによって改めて、農協組織が農業者の所得向上のみではなく、北海道の地域を支えるために必要な社会的経済システムとして広く認知されていくことにつながるのであろう。

【注】

（注１）J.モロー（1996）p.58より。
（注２）武内・太田原（1986）を参照のこと。
（注３）田畑（1986）、坂下（1992）を参照のこと。
（注４）河田・小林（2010）および河田・小林他（2016）を参照のこと。

（注５）ヨス・ペイマン他編著（2015）pp.125-126より。
（注６）ヨス・ペイマン他前掲書p.127より。
（注７）農林水産省「農業生産資材（農機、肥料、農薬、飼料など）コストの現状及びその評価について」（平成28年２月）より。

【参考引用文献】

太田原高昭（1982）『地域農業と農協』日本経済評論社
太田原高昭（1991）「地域農業の転換と農協の事業方式」『経済構造調整下の北海道農業』（牛山敬二・七戸長生編著）北海道大学図書刊行会、434-442
河田大輔・小林国之（2010）「広域農協における“出向く営農指導体制”構築の意義―きたみらい農協を事例として」『農経論叢』北海道大学大学院農学研究院、第65集、43-54
河田大輔・小林国之・正木卓・山内庸平（2016）「組合員の営農指導ニーズに対応した出向く営農指導の変遷と機能変化―JAきたみらいを事例として―」『協同組合研究』日本協同組合学会、第35巻第２号、115-123
國本英樹（2016）「農協青年組織展開の歴史と今後の農協運動における役割―ポリシーブック作成活動に焦点を当てて」北海道大学農学部卒業論文
小林国之（2008）「農協による情報支援事業の特質と信頼形成に関する研究」『農経論叢』北海道大学大学院農学研究院、第63集、97-109
小林国之（2012）「JAアグリビジネス展開と情報の産地作り」『農業と経済』昭和堂、第78巻、78-87
小林国之（2015）「農協―内なる改革に向けて　組織の意義実感できない青年部利用、所有、経営一体生かした教育を」『ニューカントリー』北海道協同組合通信社、740号、32-33
小林国之（2016）「次世代を担う農協青年部の役割」『総合農協のレーゾンデートル：北海道の経験から（シリーズ協同組合のレーゾンデートル）』（坂下明彦・小林国之・正木卓・高橋祥世著）筑波書房
斎藤仁（1989）『農業問題の展開と自治村落』日本経済評論社
坂下明彦（1992）『中農層形成の論理と形態』御茶の水書房
J.モロー（1996）『社会的経済とはなにか』（石塚秀雄・中久保邦夫・北島健一翻訳）日本経済評論社
白井康裕（2015）「営農計画書の作成前に組勘（クミカン）の見える化」『農家の友』公益社団法人北海道農業改良普及協会、67巻１号、38-39
武内哲夫・太田原高昭（1986）『明日の農協』食糧・農業問題全集（7）、農山漁村文化協会
田畑保（1986）『北海道の農村社会』日本経済評論社
中川秀一・宮地忠幸・高柳長直（2013）「日本における内発的発展論と農村分野の

課題—その系譜と農村地理学分野の実証研究を踏まえて—」『農村計画学会誌』農村計画学会、Vol.32　No.3、380-383

中村剛治郎（1999）「地域経済」『地域経済学』（宮本憲一・横田茂・中村剛治郎編）有斐閣ブックス、31-112

農林水産省（2016）『農業生産資材（農機、肥料、農薬、飼料など）コストの現状及びその評価について』平成28年２月

細山隆夫（2012a）「北海道における農業構造変化の地域性と将来動向—2010年農業センサス個票組み替え分析—」『北海道農業研究センター農業経営研究』独立行政法人農業・食品産業技術総合研究機構北海道農業研究センター水田作研究領域

細山隆夫（2012b）「2010年農業センサス個票組み替え集計結果—中核農業地帯、及び全道市町村を対象に—」『北海道農業研究センター農業経営研究』独立行政法人農業・食品産業技術総合研究機構北海道農業研究センター水田作研究領域

北海道地域農業研究所（2014）「平成25年度JA組合員学習活動に関する調査報告書」（委託者　北海道農業協同組合学校）

松尾匡（2016）『自由のジレンマを解く』PHP新書

山岸俊男（1999）『安心社会から信頼社会へ』中公新書

吉野宣彦（2008）『家族酪農の経営改善—根室酪農専業地帯における実践から』日本経済評論社

ヨス・ベイマン他編著（2015）『EUの農協　役割と支援策』（株式会社農林中金総合研究所海外協同組合研究会訳）農林統計協会

あとがき

このあとがきを書いている数日前に、2016年９月に衣替えをして誕生した規制改革推進会議農業WGから農協改革のまとめがだされた。文書冒頭にはこの農協改革の目的が、農業成長産業化、輸出の振興をはかるための組織に変わるためだと記されている。

その冒頭の文章からは、規制改革推進会議の認識フレームの問題点がみえてくる。一つには、この国の農業が果たすべき役割を、「成長産業」、「和食文化の海外発信」だけに限定している点である。食料・農業・農村基本計画のなかで明記されているように、農業振興は産業政策と地域政策を両輪として進めることが基本的柱とされている。その中では食料の安全保障についても明記されている。にもかかわらず、農業、農協のあり方を「成長産業化」という産業政策だけで議論することは、この国の農業の形をゆがめることになりはしないだろうか。さらにいえば、産業政策と地域政策を両輪とするためには、その２つをつなぐ車輪の軸が必要になる。終章にも書いたように時に個人の利益とは対立するような地域共通の利益を両立するための、その仲介役を誰が担うことができるのであろうか。

もう一点指摘しておかなければならないのは、自ら立ち上げた組織である農協を農家の自由をしばる「規制」として捉える、という現実認識のフレームである。自らの要求を実現するためにひとりではできないから協同をする、という自発的な行為としての協同という手段と、それを実現するための具体的な取り決め･約束事という結果。結果としての協同組合の実践（取り組み）のみを見てそれを「規制」として捉えるならば、こうした認識の枠組みから出される結論は、協同の取り決めの解体しかなくなることになる。

先日、ある調べ物をする際に、北海道の単協の記念史を横並びで読んでみた。戦後農協の設立に直接関わった人たちの熱がまだ残っていた時に刊行された30年記念誌、そこからしばらく経ったなかで出された50年記念誌。70年記念誌については、刊行していない農協も多いようである。

装丁も剥がれかけている記念誌達を読むにつれて、身近な地域の農協の歴史の中に、実に豊富な協同組合の実践があることに驚かされた。その時々の組合員が、対立することを恐れずに真剣に議論をしてきたその経過が、つぶさに、リアルに書かれている記念誌も多い。そこには、今でこそ必要な議論がなされていた。農協と農家の関係をどうかんがえるのかなどは、いまの時代こそ必要な議論である。そして、その問題を語るリーダー達が、実に熱い言葉を持っていた。

世界中には多様な形態の協同組合がある。日本の農協も、もちろん今の姿が完成形ではない。それは時代によって変化しなければならない。正組合員戸数が減少する一方で、農協の財務基盤は大きくなった。農協と組合員がどのような関係を作っていくのか。この点も、近い将来真剣に議論しなければならない。その際に、変化の中で、変化してはならない価値にしっかりと軸足を置くことが重要である。

本書がもし多くの読者に読まれる機会に恵まれるならば、ぜひ、本書をネタに、地域でこれからの農協のあり方について議論をしてもらいたい。農協改革は終わりのない取り組みである。その原動力は、決して外からの脅しではなく、日常的にかかわる組合員が、農協職員とともによりよい地域農業を作るという目的を共有するところから始まる。今の農協が本当に１人１人の組合員に向き合った事業を行っているのか、真摯な反省もふまえた議論が必要である。

組合員自らが、内側からしっかりと農協の未来の姿を提案し、その提案内容を広く国民と一緒に議論する。そのためには、農協と１人１人の組合員は、未来をしっかりと語ることができる言葉を持つこと、それをしっかりと伝える手段を持つことが必要である。

文末であるが、本出版は一般社団法人北海道地域農業研究所の出版助成事業を得て刊行したものである。ここに記して感謝申し上げる。

分担執筆者

農協問題研究会　メンバー（50音順）

代表　小林　国之（北海道大学大学院農学研究院准教授）
井上　誠司（酪農学園大学農食環境学群教授）
北原　克宣（立正大学経済学部教授）
小池（相原）晴伴（酪農学園大学農食環境学群教授）
東山　寛（北海道大学大学院農学研究院准教授）
正木　卓（弘前大学農学生命科学部助教）
宮入　隆（北海学園大学経済学部教授）

北海道地域農業研究所学術叢書⑰

北海道から農協改革を問う

2017年1月31日　第1版第1刷発行

編著者 ◆ 小林国之
発行人 ◆ 鶴見 治彦
発行所 ◆ 筑波書房
東京都新宿区神楽坂2-19 銀鈴会館 〒162-0825
☎03-3267-8599
郵便振替 00150-3-39715
http://www.tsukuba-shobo.co.jp

定価は表紙に表示してあります。
印刷・製本＝平河工業社
ISBN978-4-8119-0499-3　C3061